# 僕はミドリムシで
# 世界を救うことに決めた。

出雲 充
Izumo Mitsuru

小学館新書

# はじめに――くだらないものなんて、ない。

くだらないものなんて、ない。

僕がこの本を通してお伝えしたいことは、この一言に尽きる。

地球はいま、危機に瀕している。

日本で平和に暮らしているとそんな実感はないかもしれないが、ちょっと調べれば、僕たちの孫やひ孫の世代が、僕たちと同じような生活を営めるかと言えば、たいへん難しいことがわかる。

日本では少子高齢化、そして人口減少が問題になっている。しかし国連の予測では、今後、世界人口はますます急激に増えていき、2100年には100億人を超えるとされている。

人口の増加にともない、深刻化するのが世界各地での栄養不足だ。コメや小麦などの炭水化物だけでは、人間は健康に生きられない。野菜や肉や魚をバランスよく食べることで、ビタミンやタンパク質を摂取することが必要なのだが、そのような食生活を国民が日常的にできているのは、現在も一部の国に限られる。発展途上国の貧しい人々は、ほとんど穀物だけを食べて飢えをしのぎ、慢性的な栄養不足に陥っている。世界的に食料が不足するようになれば、その多くを輸入に頼っている日本も、いつまで「飽食」でいられるかわからない。

またこれからの世界でさらに激しい奪い合いとなることが確実なのが、エネルギーだ。現在、エネルギーの中心である石油は、しばらくはもつといわれているが、産油国の思惑によって、これまでのように安価に買える時代がいつまで続くかは不明だ。近年では、中東での政情不安から石油が投機の対象となり、価格がたびたび乱高下して、街のガソリン価格も安定しなくなった。

さらに石油エネルギーの大きな問題は、燃焼による二酸化炭素の放出によって、地球温暖化を引き起こすことだ。国際機関ＩＰＣＣの調査によれば、この1世紀で世界の気温は０・８５度上昇し、今後も同じペースで石油を使い続ければ、50年後にはさらに2度から

5度上昇するといわれている。そうなれば世界の気候は激変し、各地が砂漠化して、農産物の生産に壊滅的な打撃を与えるだろう。

石油に代わるエネルギーとして期待されている太陽光や風力では、エネルギーの効率が低すぎて、現在の技術では自動車を動かすこともジェット機を飛ばすことも不可能だ。島国である日本が世界とつながるためには、飛行機が、そしてジェット燃料が不可欠。飛行機が飛べない鎖国した日本の未来など、想像したくもない。

「人類の希望」といわれた原子力についても、２０１１年に起きた福島第一原子力発電所の事故を思えば、人類を救うエネルギーにはなりえない。

エネルギーの枯渇、地球温暖化、食料・栄養不足など、これら途方もないくらいの大きな問題を前にすると、人類が果たして解決できるのか、絶望的な気分になってくる人が多いのではないだろうか。

でも大丈夫。実は、解決できる。

その主役こそ、およそ5億年前に地球上に生まれた単細胞生物、ミドリムシ（学名ユーグレナ）だ。

この本は、世界で初めて（2005年時点）、ミドリムシの大量培養に成功したユーグレナという会社の生誕の物語である。

だが、それだけではない。

この本で僕が語りたいのは、「どんなちっぽけなものにも可能性があり、それを追い求めていけば、やがてその努力は報われる」ということの、僕なりの証明だ。

ミドリムシと聞いて、「え、青虫の仲間？」「そんなちっぽけなもので人類の問題が解決できるはずがないでしょう」と思う人もいるだろう。いや、実際にこの十数年、僕はずっとそう言われ続けてきた。

でも、さっき僕が書いた、ミドリムシが地球を救うというのは、何一つ偽りがない、本当のことだ。

植物と動物の間の生き物で、藻の一種でもあるミドリムシは、植物と動物の栄養素の両方を作ることができる。その数は、なんと59種類に及ぶ。

しかも体内に葉緑素を持つため、二酸化炭素を取り入れ、太陽のエネルギーから光合成を行うことができる。すなわち、$CO_2$削減という意味でも、救世主となりうる。

さらにそれだけではなく、ミドリムシが光合成により作り出し、体内に蓄えた油を石油と同じように精製すれば、ロケットやジェット機の燃料として使えるバイオ燃料が得られる。

食料、栄養、地球温暖化、エネルギー。これら途方もない問題は、ミドリムシが解決するのだ。

当初はなかなか理解してもらえなかったが、この数年でミドリムシに対する世の中の認識も大きく変わり始め、ようやく僕たちが思い描いていた「ミドリムシが地球を救う」プロセスが、始まりつつある。

創業以来、僕は仲間とともに、ミドリムシの可能性を追求し、世の中に知ってもらおうと奮闘してきた。経営者としてはいまでも未熟だし、いつも自分以外の誰かに助けられて、どうにかここまでやってくることができた。

何度も「自分には無理だ」と諦めかけたし、ときには日本中からいわれなきバッシングを受けて、絶望しかけたこともあった。

でもそんなとき、まるでミドリムシに語りかけられているかのように、いつもこう思った。

「この世に、くだらないものなんて、ないんだ」と。

ミドリムシというこんなにも小さい生き物が、人類を救う可能性を秘めていること。

そして、か細い可能性を追い求め、必死に手繰り寄せたからこそ、世界で唯一のテクノロジーを手にすることができたこと。

僕たちの、その奮闘の記録をお伝えすることで、何か「小さなチャレンジ」に取り組もうとされている方が、少しでも勇気づけられれば、これほど嬉しいことはない。

# 僕はミドリムシで世界を救うことに決めた。

目次

# 第5章 試練と、伝える努力でそれを乗り越えるということ

第1章

# 問題と、自らの無知を知るということ

## 人生を変えたバングラデシュでの1か月

1998年の夏、18歳の僕は、バングラデシュにいた。

グラミン銀行のインターンとして、その地を訪れた僕は、当初、希望に満ちあふれていた。そこで過ごす1か月は、僕にとって素晴らしい未来への第一歩になるはずだった。

何不自由ない家庭で、何不自由なく育った僕にとって、貧困や飢餓で苦しむ人がこの世界にいることは、「誰かが解決しなくてはならないこと」だった。

そのために自分ができることがあれば、人生を賭けてみたい。

それこそが、当時18歳の僕の、まぎれもない将来の目標だった。

そして、その目標を叶えられる世界で唯一の機関だと信じて疑わなかったのが、国連だった。国連が貧困層に対してどのような支援活動を行っているのか、間近で見ることができる。これこそが、バングラデシュへ行くことの最大の楽しみであった。

しかし――。

希望に満ちた将来につながるはずのその地で見た現実は、自分の幼い目を大きく開かせ

訪問したバングラデシュにて。僕はこの地で、一生を賭ける問題と出会った。

るものだった。バングラデシュには小麦もコメもあふれるほどあった。しかしそれにもかかわらず、子どもたちは栄養失調、大人たちは貧困にあえいでいた。

このときの経験によって、後に僕は自分が敷いた人生のレールを、自ら降りることになる。しかしそのことが結果的に、「ミドリムシ」をテーマとする会社、ユーグレナの起業へとつながっていき、僕の人生は予想もつかない方向へと転がっていく。

ユーグレナの話を始める前に、まずはなぜ僕が「世界を救う」ビジネスを探し求めるに至ったか、そしていかにして「きっかけ」をつかんだか、語ってみたい。

## 典型的なニュータウン・ファミリー

僕は父親の実家のあった広島県の港町、呉市で生まれた。1980年のことだ。

といっても、母親が出産のために田舎に里帰りして、僕を産んだというだけの話である。生まれてすぐに、僕は東京に飛行機で「空輸」されて、以降ずっと東京で育った。だから、広島の記憶はまったくない。

最初に住んだのは川崎市の宮前平。そこで2歳まで暮らし、二つ下の弟が生まれたときに、一家そろって多摩ニュータウンに移り住んだ。

父はいわゆる「猛烈サラリーマン」。毎日のように終電かタクシーで帰宅し、朝も僕らが寝ているうちに家を出る。業務用のコンピュータを扱う会社のエンジニアで、忙しく働いていた。

会社勤めの父親と、専業主婦の母親。そして二つ年の離れた兄弟が暮らす、4人家族。公民の教科書に出てきそうな、絵に描いたようなニュータウン・ファミリー。それが僕の育った環境だ。

多摩ニュータウンの近郊は、本当に東京にこんな田舎があるのかと驚くほどに自然豊かな環境だった。いまでも年に一度くらいは出るらしいが、僕が子どもの頃はしょっちゅうタヌキがマンションの近くに現れて、タウン誌にそれがニュースとして載っていた。

家の近くには、子どもたちの間で「一本杉公園」と呼ばれていた、とても大きな公園があった。その名の通り巨大な一本の杉の木がシンボルの公園で、毎日のようにそこで遊んでいた。

熱中したのはザリガニ釣りだ。一本杉公園には小さな沼があり、そこに棲むザリガニが子どもにも面白いように釣れた。この頃にはザリガニも洋食化が進んでいたようで、日本伝統のエサであるスルメではなく、チーズを餌にするとまさに入れ食い状態。1回の釣行で20匹は捕ることができた。夏になると、僕と弟はザリガニを釣っては家に持ち帰り、水槽で飼うのを楽しみにしていた。

## 『こち亀』とザリガニ

それまで純粋なホビーとして楽しんでいたザリガニ釣りだったが、あるとき転機が訪れる。

きっかけは少年ジャンプで連載していた『こちら葛飾区亀有公園前派出所』、通称『こち亀』と呼ばれる人気マンガだ。その連載の中で、主人公の警官である両津勘吉が、ザリガニの養殖をして高級フレンチの食材と偽ってひと儲けしようと企む話があった。

両津はいつもミニ四駆やゲームなど、子どもの間で流行っているものを見つけてきては、それで金儲けしようと悪巧みをする。その回の話はザリガニが高級フレンチの食材になるという噂を聞きつけて、自宅で養殖しようと試みるというストーリーだった。

それを読んだ僕は、「これだ！」と衝撃を受けた。沼にいくらでもいるザリガニが高級レストランに売れるならば、これを見逃す手はない。すぐにでも始めなければ、同級生に先を越されるかもしれない。それで弟と二人でザリガニを20匹ほど捕まえてきて、家のバケツで養殖を始めることにしたのだ。

ところが当然ながら、そううまくはいかない。しょせんは子どもの浅知恵である。毎日学校に行っては、「何匹増えたかな」とワクワクしながら急いで家に帰ってくると、なぜかザリガニが減っている。

留守中の監視を頼んでいた母親が見ていない間に逃亡したのではないかと考え、「お母さん、ザリガニ逃げちゃったよ！」と怒るが、母親は「はいはい」といなしてとりあってくれない。

そうこうするうちにザリガニはどんどん元気をなくしていき、やがて全滅してしまった。いまから考えると、ザリガニは共食いしていたに過ぎないのだが、当時は「お母さんがちゃんと見てくれていないからだ」と母親に当たり散らしていた。しかし母親は、逃げたザリガニを捕まえては戻し、バケツに蓋をするなど悪戦苦闘していたらしく、僕の批判は完全に八つ当たりだったのだが。

僕の養殖修業はまだ続く。ザリガニの養殖がうまくいかなかったので、養殖するものを変えることにしたのだ。今度のターゲットは、カブトムシとクワガタ。家から最も近いデパートの多摩そごうに父親に連れられて行ったとき、ミヤマクワガタやノコギリクワガタが、なんと1匹数千円という値段で売られているのを見たのだ。

「これはビジネスチャンスだ！」という思いがよみがえり、家の近くの雑木林に勢い込んで捕獲に行った。ところが、残念ながら多摩の山林にはクワガタが樹液をなめるクヌギの木は自生していない。ほとんどスギの木しか生えていない森の中で、朝早く起きては木に蜜を塗るなど試行錯誤したものの、結局クワガタとカブトムシは捕ることができず、断念することになった。

そういう失敗続きではあったが、当時から自分は生物、それも増えていくものにただならぬ興味があったように思う。その頃は生物学の知識などもなかったので、どういう仕組みで繁殖するのかは理解していなかったが、「生き物がひとりでにどんどん増えていく」ということに対して、何か非常にワクワクする気持ちを覚えた。

またそういう自分を温かく見守ってくれた母親の存在が、自分の性格を形づくるのに大きな影響を与えたのは間違いない。母は、男二人の兄弟が、野山で遊んでどろ団子を作ったり、ザリガニを捕ってきて水槽で飼い始めてもうるさいことは何も言わず、いつもやりたいようにさせてくれた。思い返せばどれだけ僕と弟が遊んでいても、母親に「勉強しろ」と言われたことは一度もない。

それで幼い頃にはすでに、「友だちの家に比べて、こんなに『勉強しろ』と言われない家庭は珍しい。自分でがんばらないとまずいな」と思うようになり、かえって勉強をがんばることになった。いま思えば、母親の賢い戦略だったかもしれない。

## 進学校の二つのカラー

中学と高校は、私立の駒場東邦という中高一貫の男子校に進んだ。

僕の性格の基本を形づくったもう一つの要因として、この男子校に通った、ということは間違いなく影響している。駒場東邦で6年間を過ごしたことには、よい面も悪い面も、両方あった。

男子校出身者には、あまりにも男同士でいることが心地よいがために、同年代の女の子と遊んだり話したりすることからすっかり離れたまま思春期を過ごしてしまう者が少なくない。もちろんそれとは反対に、抑圧された環境であるがゆえに積極的に他の女子校などに遠征してはナンパしたりする剛の者もいるが、自分は圧倒的に前者だった。それゆえ大学に入ってからも、渋谷を歩いているイケてる慶應ボーイたちには、何となしにいわれなき反感を覚えたものである。

しかし中学と高校に通っていた当時は、「ここは天国のような場所だ」と心から思っていた。もちろんこれは、男同士がつるんでいるという心地よさだけではない。

進学校とひとくちに言っても、学校によって雰囲気はまったく違う。聞いた話では、開成や灘校、ラ・サールなどは、「勉強するのが格好いい」という文化があり、入学してからも多くの生徒が競い合うように勉強するという雰囲気があると聞いたことがある。そこでは「勉強は善である」という価値観がしっかりと根づいているそうなのだ。

一方で同じような進学校でも駒場東邦や麻布高校、武蔵、筑波大附属駒場などは、校風がまったく逆であるという。とくに僕が通った駒場東邦は、誰もが表立っては言わないが、「勉強することはダサい」「努力しているのを見せるのは格好悪い」という校風の学校だった。

クラスの友人たちとは普段から、いかに自分が勉強していないかを競い合う。テストの直前でもお互いに勉強している姿を見せない。ぎりぎりまで友だちと遊んでは、「いやー、明日テストなのにぜんぜん勉強してないよ」などと言いつつ、家に帰れば明け方まで参考書と向かい合う。睡眠3時間足らずで学校に行き、テストではきっちりと点をとる。いかに苦労を見せずに結果を出すかが問われる。そういうカラーが、自分も気に入っていた。

## 「思いついたことを形にする」が許される環境で

中高時代は、体育祭や文化祭、テニス部の部活などにもあけくれた。よく覚えているのが、中学3年生のときに、学校でインターネットの同好会（パソコン研究会）を立ち上げたことだ。

インターネットが世の中に登場した1995年頃、僕は父親の仕事の影響もあって、コンピュータに興味を抱くようになる。それでパソコンを買ってもらい、簡単なプログラミングを独学で学んだ。

高校1年生の文化祭では、家からマッキントッシュを持って行き、デジカメとプリンターをつないで「顔写真入り名刺」が簡単に作れる展示を行ったところ、大盛況となった。

僕が家庭用のプリンターとデジカメとパソコンで作った仕組みは、偶然にも当時流行していた「プリクラ」にそっくりだった。ところが悲しいことに、男子校にいた僕は、世の中でプリクラというものが大流行していることなどまったく知らなかった。

この経験は「思いついたことを形にすることの面白さ」を教えてくれた。

誰にでも「自分が思いついたことを形にしてみたい」という欲求があると思う。自分の場合は、新しいものを作ったり発明したりしたいという気持ちを後押ししてくれるような環境が、家庭にも学校にもあった。そのことは、とても恵まれていたといえる。

駒場東邦は男子校の進学校でありながら、何か面白いことをやろうとする人がいると、みんなが協力して盛り上げようとするような、素敵な校風があった。

この学校で過ごした6年間は、とにかく楽しくて、まさに天国のような学校生活だった。

## リーダーには向いていない？

だがこの6年間では、自分についての残念な「気づき」もあった。

それは僕が、生まれついてのリーダータイプではない、ということだ。そのことに気づかせてくれたのが、いまでも年に何度か会っては飲んで近況を語り合う関係が続いている、片寄雄介《かたよせゆうすけ》という男だ。

片寄は僕の同級生で、中学のときから学校の中でも目立つ存在だった。明るいし、何を話しても面白いし、彼の周りにはいつもたくさんの人が集まっていた。僕もその中の一人で、「片寄は本当に魅力的な男だな。自分もこういう男になってみたい。どうすれば近づけるんだろう」と感じていた。

いまも昨日のことのように覚えているのが、中学3年のときに僕と片寄が出た弁論大会だ。駒場東邦では、年に一度、クラス対抗の弁論大会が開かれて、それがけっこう盛り上がる。1学年250人、全5クラスの予選を勝ち抜いた5人が自分独自のテーマを設定して、全校生徒の前で自分の意見を述べる。発表者の話を聞いた生徒たちが、誰が一番説得力があって、魅力的なスピーチをしたか、投票して勝敗を決めるという大会だ。

僕は当時から、何となく世界の食料問題に関心があった。ちょうどその頃は、「人口爆発」ということが言われ始めていた時期で、「このまま世界の人口が増え続ければ、熱帯雨林はどんどん切り開かれ、世界各地で干ばつが起こり、やがて食料危機となる」というレポートが研究者から発表されて話題になっていた。

そこで僕が選んだテーマが「一つのハンバーガーを作るのに、どれくらいの資源が使われているか」という題材だった。ハンバーガーの材料には、パンの小麦、ハンバーグの牛肉、野菜のレタスやピクルスなど、さまざまなものがある。牛肉一つとっても、原料の肉となる牛を育てるには、広大な牧草地と大量の水、そして餌となる飼料が必要だ。

僕は一つのハンバーガーが私たちの胃袋に入るまでの間に、どれくらいの資源が必要か、数字や図解を用いてわかりやすく発表した。このテーマは予選でも「着眼点がよい」と褒められ、本番も理路整然と話すことができたと自分では感じたし、生徒や先生たちの反応も悪くなかった。

自分に続いて登壇した他の発表者の話を聞いても、そんなに面白いものはなくて、「これは優勝したぞ」と思った。

そして5人目、最後に演台に上がったのが、片寄だった。

片寄は演台の前に立つと、マイクをどけて、いきなり「よっこらせ」とその上に登って正座した。そして会場を見回し、迫力ある地声で、「八っつぁん、この学校はどうも最近面白くないねえ」「お、ご隠居もそう思うかい?」と、まるで落語のように話し出したのだ。

会場の聴衆は、全員、度肝を抜かれた。片寄は見事なべらんめえ口調の江戸弁で話を進めた。長屋のご隠居と八っつぁんの会話を通じて「自分たちの学校をどうすればもっと面白くできるか」について、聴衆を話に引きずり込んでいった。僕を含めた4人の発表者とは、そもそも観客を楽しませよう、という意識の点で比較にならなかった。彼の話は、圧倒的に面白かった。

僕はあまりの衝撃で、最初は片寄が何を言っているのかも頭に入らなかった。テーマはとても硬いのに、その伝え方は洗練されていて、エンターテインメントになっている。発表が終わると、会場からは大歓声が湧き上がった。僕は打ちのめされていた。もちろん投票の結果は、片寄の圧勝である。

校長室で行われた授賞式では、校長先生が、「出雲くんの発表もよく調べていてよかったよ」とフォローしてくれた。しかしそのフォローが僕にはかえってショックだった。

この経験で、人の心を言葉で動かすということがいかに難しいか、痛感した。片寄のような人を引きつける魅力が自分に備わっていないこともわかり、「自分はリーダーにはなれないかもしれない」と思うようになった。

## 最高の友人と、めばえたコンプレックス

片寄はある種の天才だった。どんなテーマで話していても、つまらない結論に終わるこ

とがない。弁論大会のあと、僕にとって片寄は一番仲のよい友だちとなり、中高時代をずっと一緒に過ごした。

高校では二人一組で、生徒会の会長と副会長に立候補したこともあった。このときは自分は落選して、片寄だけが当選するという結果となり、それにもまたショックを受けた。なぜなら、二人一組の片方だけが落選するなど、前代未聞の事態だったからだ。

片寄と時間を過ごしているうちに、「彼と同じように人を感動させたいと思っていたけれど、自分にはそれは無理だ」と思うようになった。片寄のような天性のリーダーシップや人を巻き込む力が自分には備わっていない。僕は諦めの気持ちを抱くようになり、パソコンやマンガ、アニメに没頭するようになった。はっきり言えばオタクになったのだ。

先述の学園祭でのプリクラも、アイデアを出したのは僕だったが、それを実行するために実行委員会といろんな調整をしてくれたり、周りの人を集めて協力体制を作ってくれたのは片寄だった。自分は「とにかくこれをやりたい」と思いつくが、それを実行するためにどんなものが必要で、周りの人を巻き込んでいくにはどうすればいいかが、さっぱりわからなかった。そんな自分とは逆に、片寄には、物事を着実に実行し、人を巻き込んでいく力があったのだ。この「人を巻き込み動かしていく力が自分にはない」というコンプレックスは、後に会社を経営するようになっても、ずっと自分の心の奥に残り続ける。

片寄との交友は、大学に入っても続いた。彼は東大の文学部で歴史哲学を学び、現在は大手化学会社で働いている。人を動かす力があるので、経営陣からの信頼も厚く、「あんちゃんが言うなら何でも協力するよ」と工場の現場の人たちにも信頼されているそうだ。

## 何不自由ない自分と、世界とのギャップ

中学に入った頃の僕は、「難民」という言葉すら知らなかったと思う。

しかし世の中のことを知るにつれて、

「たまたま自分は日本に生まれて、このような素晴らしい環境で生活することができている。でも世界には、まったく違う環境で暮らしている人たちのほうが圧倒的に多い」

ということを理解し始める。弁論大会の下調べをするうちに、自分があまりにも平和で恵まれた環境にいることに、漠然とやるせないような気持ちを抱くようになっていった。

「これだけ世の中が発展しているのに、なぜいまも苦しんでいる人たちが世界に何十億人

もいるのだろうか。人類みんなが楽しく、健康に、美味しいものを食べて生きていけるようにしなくてはならないんじゃないか」

高校に上がり、テレビのニュースや新聞などを通して、アフリカやアジアの発展途上国の人たちの貧しい暮らしと自分の生活のギャップを明確に認識するようになった僕は、将来についても意識し始める。

——将来は国際連合で働いて、世界から飢餓や貧困をなくしたい。

駒場東邦での6年間が終わる頃には、それが自分の目標になった。

だが当時の自分は、やはり子どもだったのだろう。

「国連に入って働けば、きっと世界の飢餓や貧困も解決できてみんなが幸せになるはずだ」

と単純に考えていた。

## コメが取れる国に乾パンはいるのか？——本当の問題を知る

高校時代の自分は、漠然と「国連で働きたい」という思いを抱きながらも、では具体的にどうすれば世界の困っている人、飢餓に苦しんでいる人を助けることができるのかは、さっぱりわからなかった。

そこで「将来、どういう道を歩むことになったとしても、取りうる選択肢の数は多いに越したことはない」と考えて、東京大学文科三類（人文科学全般を学ぶ学部）に進むことにした。国連の職員に東大文三出身者が多くいる、ということを聞いていたことも選んだ理由の一つだった。

ところがいざ大学に入ってみると、国連について自分があまりに無知だったことを知ることになる。そして自分が思い描いていた「国連に入って世界の貧困を救うお手伝いをする」という夢が、そう簡単にいくものではないことに気づく。

決定的だったのは、冒頭で先述したように大学1年生の夏、学外活動の一環でバングラデシュで見た光景だ。現地で活動している人たちに、「将来、自分は国連で働きたいと思っているんです」と伝えると、ほぼ全員、「うーん、国連に行っても、すぐにバングラデシュの状況を変えるのは難しいかもね」と異口同音に言うのである。

もちろん国連は懸命にバングラデシュに対する支援を行っており、食料や医療、教育などさまざまな面で現地の人たちの役に立とうとしていたし、実際に成果もあげている。しかしあとから調べてみると、バングラデシュの「飢餓」問題は、先進国から乾パンを送るような方法では解決できないことがわかった。なぜなら「飢餓」というのはカロリー不足だけではなく、人が健康に生きるために必要な栄養素が不足していることを指すからだ。

バングラデシュでは、山ほどコメが取れる。毎日の食事にカレーが出てきて、余程の貧困層でなければ、とりあえず腹を満たせるくらいの炭水化物は得ることができる。

それよりも問題なのは、野菜や肉、魚、卵、フルーツ、牛乳などの食品が、まったく足りていないことだった。それらの食品がないということは、子どもの成長に必須のタンパク質やミネラル、そしてカルテノイドも不飽和脂肪酸も全然足りていないということを意味する。

国連も栄養指導などを通じて、栄養素を摂取する必要性について教育しているが、その栄養素を含む食物自体が足りていないし、現地に新鮮な状態で持っていくことが難しい。すなわち、解決する方法がこの世にない、ということなのだ。そしてバングラデシュに来るまで、僕は本当の問題を知らなかったのだ。

「うーむ。このまま国連を目指しても、自分の夢は叶わないかもしれないぞ」

バングラデシュ訪問以降、僕はそう考え込むようになった。

## グラミン銀行でのインターンシップで見たもの

一方で、まったく思いもよらぬ「発見」も、バングラデシュにはあった。

バングラデシュ訪問のメインイベントは、グラミン銀行でのインターンシップだった。

グラミン銀行は僕が起業家としてもっとも尊敬するムハマド・ユヌス先生が立ち上げた組織で、「マイクロファイナンス」という金融の手法によってバングラデシュという国が抱える貧困問題を解決しようとしている、世界的にも非常に有名な団体だ。僕が訪れてから数年が経った2006年、ユヌス先生とグラミン銀行は、その業績によってノーベル平和賞を受賞している。

グラミンが行っているのは銀行と同じ融資事業であるが、彼らが融資するのは、数百ドル（数万円）というとても小さな金額だ。バングラデシュには、それくらい少額のお金すら借りることができない家庭がたくさんある。そういう家庭では、当然子どもたちの教育にお金をかける余裕もないことから、貧困が世代をまたいで再生産されるという問題が、長年にわたって続いていた。

そこでグラミン銀行は、貧困家庭の個人、とくに女性に少額のお金を貸すことで、雑貨屋や食料品店などの小さなビジネスを始めてもらい、きちんと利子をつけて返してもらいながら自立を促していくシステムを構築したのである。

僕がインターンシップに出向いた頃は、ちょうどグラミン銀行の仕組みによって、貧しい農村などで貧困に苦しみながら暮らしていた人々が次々に自立し、豊かに暮らしていくようになっていた時期。世界じゅうから、グラミン銀行のビジネスモデルが評価され始めていた。

「グラミンはビジネスとして貧困層にお金を貸している。だがすごく貧乏な人にとって、数百ドルとはいえ、そのお金を返すのはたいへんなはずだ。それなのにみんな『グラミン銀行のおかげだ』とすごく喜んで、ちゃんと利子をつけて返済している。実際、グラミン銀行が融資したお金で始めたスモールビジネスで、彼らは食料はもちろん携帯電話のようなものまで手に入れて、豊かになりつつある。一方で国連はどうだろう？　食料や水をぜんぶタダで提供しているのに、人々の飢えや栄養不足を改善できていない」

サービスの受け手が、お金を払っているのに喜んでいる。グラミン銀行の事業を目の当たりにしたことで、僕は一種のカルチャーショックを受けて帰国したのだった。

## 「お互いさま、おかげさま」——リーダーは信頼をためてこそ

日本に帰った僕は、国連に代わる新しい目標を探して、しばらく進路について悩んでいた。だが、大学で入っていたあるビジネスプランコンテストを主催するサークルで、出会いとヒントを得ることになる。

中高の間ずっと、「片寄には勝てない」と思っていた僕だが、一方で「いつか自分に自信が持てるようになりたい」という思いも募っていた。

そこで東大に入ってからは、「カッコイイ先輩のマネをしよう」と決めた。大学ですごく目立っている人や、面白そうな人がいたら、その人をそっくりマネして、修行しようと思ったのだ。「誰か、マネしたくなるようないい人がいないだろうか」と探し始めてすぐに、一人の人物に巡りあった。その人の名を、北爪宏彰《きたづめひろあき》さんという。

北爪さんは、第二外国語でとっていたフランス語のクラスの一つ上の先輩だった。片寄

とはぜんぜん違うタイプだが、彼もまさに生まれついてのリーダーだった。何かイベントをやるとなると、自然に物事の中心となっていて、みんなを安心させる雰囲気があった。仲間の面倒見がとてもよく、「北爪さんのためだったら一肌脱ぐ」という人が世代を越えてたくさんいた。

学生ビジネスプランコンテストを主催するサークル「ＫＩＮＧ」の代表を務めていた北爪さんは「日本じゅうの学生が参加できるようにしよう」と全国の大学に呼びかけて、日本最大の学生起業家が集まるイベントにしようとしていた。

僕は大学に入学してすぐに北爪さんと出会って、「なんて完璧にカッコイイ人なんだ」と惚れ込んでしまった。そこで「とにかく北爪先輩のマネをして、自分がしたいことよりも、まずは先輩のお手伝いをしてみよう」と考えるようになった。そして、東大の文三に一緒に入学した片寄も誘って、このサークルに入ることにしたのだ。

入ってから北爪さんにいただいたアドバイスが、いまも心に残っている。

「出雲くんも将来、何かやりたいことがあって、他の人に手伝ってもらいたいと思っているならば、まず最初に、他の人の手伝いをしてみるといいよ。そうしているうちに、いずれ他の人が、今度はきみのことを手伝ってくれるはずだから」

何か事を起こすときに、ずっと同じ人がリーダーでいる必要はないし、雑用みたいなことこそリーダーが率先してするべきだ、ということを北爪さんは教えてくれた。そのことを、「お互いさま、おかげさま」と言っていた。

僕は北爪さんの下について、ありとあらゆる振る舞いをマネして、自分のものにしようと努力した。

北爪さんのもとで開催された1998年のビジネスプランコンテストは、前年までに比べて一気に注目が集まった。最終的には、全国から120名の学生が参加し、企業のスポンサーが50社以上つく、日本で有数の学生イベントになった。代々木オリンピックセンターの会場を借りて、予定していたプログラムをすべて終えたとき、それまで味わったことがないような安堵感と達成感を覚えた。

僕が会場の隅でステージを見つめていると、

「次は出雲の番だな」

と、北爪さんが声をかけてくれた。僕が一生懸命に手伝うのを見ていた片寄やサークルのメンバーは、次の年の代表に僕を推してくれた。このとき僕は、自分から「リーダーをやりたい」と言わなくても、他の人を手伝うことで「信頼」がたまっていくこと、そしてその信頼によって人は、たとえ実績がなくても「こいつに任せよう」と思ってくれることを知った。このことは、中高時代の自分を振り返ると、たいへん大きな気づきだった。

そうして僕は、生まれて初めて、リーダーをやることになった。北爪さんが大きく育て、学生で起業に関心がある人の間では知らないものがいないイベントになったＫＩＮＧの運営リーダーとして、自分たちの代でも何か新しいことに取り組んでみたい。そう考えた僕は、「よし、北爪さんの代が日本じゅうの学生を集めたんだから、僕たちは世界から学生を集めよう」と目標を定めた。

実際の海外との交渉は、英語に堪能な仲間が中心となって行い、ベンチャーの本場・アメリカから、起業家志望の学生をＫＩＮＧに招待することになった。

## スタンフォードからやってきた道場破り

大学２年の夏、自分がリーダーとして企画したビジネスプランコンテストが、無事に開催された。

　とくに起業の本場、アメリカのスタンフォード大学からやってきた学生たちとのやり取りは刺激的で、まるで「道場破り」にきた凄腕の剣客を迎え討っているかのような感覚だった。彼らは日本の学生たちのビジネスプランを聞いては「フン」と鼻を鳴らし、「そんなのちっとも新しくないよ」と英語でまくし立てる。「世界の中心は俺たちだ」と言わんばかりの態度に「なんて偉そうな奴らだ」と最初は腹も立ったが、彼らの中心人物の一人と話しているうちに、次第に打ち解けていった。

　その男の名は、デビッド・ブルナーという。デビッドはスタンフォードでコンピュータサイエンスを研究している学生だった。最初はただの一学生だと思っていたが、よく話を聞いてみると、人工知能の研究で世界的権威として知られるエドワード・ファイゲンバウム教授のもとで学ぶ、将来有望なバリバリの若手研究者。しかもスタンフォード大学が実施する、短期留学生の受け入れプログラムの実施責任者でもあった。そんなすごい奴であるにもかかわらず、彼はとても気さくでフレンドリー、そして思ったことをずけずけ言う、とてもチャーミングな男だった。

「イズモ、お前もベンチャーに興味があるんだったら、日本でコンテストを企画するだけじゃなく、いっぺん本場のアメリカを見にこいよ」

そうすすめるデビッドの言葉に、僕は強く動かされる。

1999年も年末にさしかかろうかという頃、スタンフォード大学へ行くことになったのは、この道場破りから受けた影響にほかならない。

## 「西海岸」のライフスタイルに衝撃

そうして僕は、19歳のときに、アメリカ西海岸へ初めて渡った。そこで過ごしたのはたった2か月ほどの期間だったが、本当にめちゃくちゃ楽しかった。

アメリカの西海岸は、カラッとした天気の日が続く気候のいい土地で、食べ物やワインが美味しいことで知られている。スタンフォード大学はレンガ造りの赤い屋根の美しい校舎が特徴で、大学の広大なキャンパスは青々とした芝生に覆われ、そこを歩くだけでとても気持ちがよかった。

ちなみにこのときの最大の驚きは、スタンフォードの雰囲気と、中高6年間通った駒場東邦の雰囲気が驚くほど似ていたことだった。アメリカでもなぜか東海岸と西海岸では大学の校風が大きく違っている。東側にあるハーバード大学をはじめとするアイビー・リーグやマサチューセッツ工科大学などは、灘や開成のように「学生は死ぬほど勉強するのが当たり前」という雰囲気であるらしい。

後に東海岸のバブソン大学を訪れた際、実際にその光景を目の当たりにすることになる。図書館に行くと、毎晩のように深夜まで多くの学生が勉強しているのだ。気候も西海岸とはまったく違う。冬はじめじめとした雪が降り、外はマイナス10度以下。太陽の光は差さず、暖房のない寮にいると凍え死にしそうになるため、みんな暖をとりがてら図書館に行って勉強する、という日常だった。

それに対してスタンフォード大学やUCLA、サウスカリフォルニア大学のような西海岸の文化は、まったくの正反対。学生たちは午後4時くらいに授業が終わると毎晩のようにどこかしらのバーに行き、呑んだくれる。レストランではいつもパーティが開かれていて、わいわい踊って騒いでいる。しかし偉いのは、午前2時くらいに自分の寮に戻った後で、明け方の5時くらいまでみんな勉強することだ。そして朝の6時になると、今度は釣りやゴルフに出かけては楽しむ。その体力には恐れいった。

東海岸と西海岸の大学、両方の学生ともに優秀だが、そのような校風の違いから、進路も分かれるのが興味深い。東海岸の大学の卒業生の多くは、投資銀行やコンサルティング会社に就職したり、ホワイトハウスなどの政界や弁護士などの法曹界に就職したりする。つまりエリートの「ド本命」を目指すわけだ。

それに対して西海岸の大学の学生の多くが目指すのが「起業」だ。実際にアメリカの一時代を築いたベンチャーであるアップルもアマゾンもみな西海岸から生まれている。最近ではフェイスブックが例外的に東海岸のハーバードから生まれたが、サービスが爆発的に伸び出したのは、やはり西海岸の学生の間で広まってからだ。

## ヤフーで見た、未来の会社の姿

僕はそういう意味で、最初に訪問したのが東海岸ではなく西海岸で本当によかったと思う。スタンフォードに着くと、デビッドは我々日本の学生の一行を、まだまだベンチャーっぽい雰囲気を濃厚に残していたヤフーなどへと案内してくれた。

僕が留学したのは2000年の頭。ちょうど世界でドットコム企業がすさまじい勢いで伸びようとしている時期だった。当時19歳の自分がそこで見た風景が、いまの自分の起業のイメージを形づくっているといってもよい。

それまでの僕は、会社に対して勝手なイメージを抱いていて、みんな同じ制服を着て工場のはるか向こうまで整然とロボットのように人が働いている、と思い込んでいた。

ところがヤフーを訪ねてみると、最初からしてまったく違っていた。バイトで雇っている学生のピエロが曲芸をしながら迎えてくれたのだ。スタンフォードの学生はベンチャー企業にほぼ出入り自由で、アジアの学生が入ると目立つのではないか、と心配したが、行ってみるとアジア系の従業員が山のように働いている。ひときわ目立つエネルギッシュなアジア人がいるな、と思ってよく見たら、ヤフー創業者のジェリー・ヤンだった。

会社の中には無料でいくらでもカリフォルニア料理が食べられるレストランがある。ドーナツやジュースも食べ放題だし飲み放題だ。社員のワークスタイルも自由気ままで、スターウォーズが好きな人は机に所狭しとフィギュアを並べている。まったく無秩序でありながら、そこにいる全員が一つの方向を目指しているのが伝わり、不思議な活気に満ちあふれていた。

働いている人たちはみんな「自分たちがいま世界の中心にいる」と確信していた。そしてその空気が、スタンフォード大学にも伝染していたのだとこのとき悟った。

その当時、自分が将来、起業するということを考えていたわけではない。ただ「自分が就職するならば、こういう雰囲気のところで働いてみたい」と思ったことは確かだ。世の中にヤフーのような会社があるということを知ったことは、僕の中に非常に大きなインパクトを残したのだった。

## 本物の天才、鈴木との出会い——ノーベル経済学賞の理論を使いこなす

大学に入りKINGというビジネスプランコンテストを開催するサークルにいたことで、僕はもう一人、運命の人物と出会うことになる。現在、ユーグレナ社の取締役で、研究開発部長を務める鈴木健吾《すずきけんご》だ。鈴木は東大農学部に在籍していて、将来は研究者の道を歩みたいと考えているようだった。

鈴木は僕がKINGのリーダーを務めているときに、1学年下の新入生としてサークル

に入ってきた。僕が1年生のときに北爪さんの下について何でもサポートしたように、鈴木もイベントに関するありとあらゆることを手伝ってくれた。ビジネスプランコンテストに海外から学生を招聘《しょうへい》するとなれば、その人たちの飛行機代や宿泊費など、かなりのお金が必要になる。その費用を捻出するため、鈴木は一生懸命に企業を回って、お金を出してくれるスポンサーを探し出してくれた。僕の代のイベントの成功は、鈴木のがんばりに負うところが大きい。前年に北爪さんが僕を応援してくれたのは、こういう気持ちだったのか、と初めて理解した。

そして鈴木とまた何かやってみたいと思うようになり、出場したのが、衛星放送「スカパー！」の「大学生投資コンテスト」だった。大学別のチームでバーチャルなお金を1億円、株式市場で運用したと仮定し、3か月でどこまで増やせるかを競うのである。早稲田、慶應、明治など、さまざまな大学から参加者が集った。東大以外の学生はみなそれぞれの学内で有名な「株式投資研究会」などのサークルメンバーで、僕と鈴木だけが投資のド素人だった。

しかしこの投資コンテストで、僕は鈴木という男が本物の天才であることを知る。

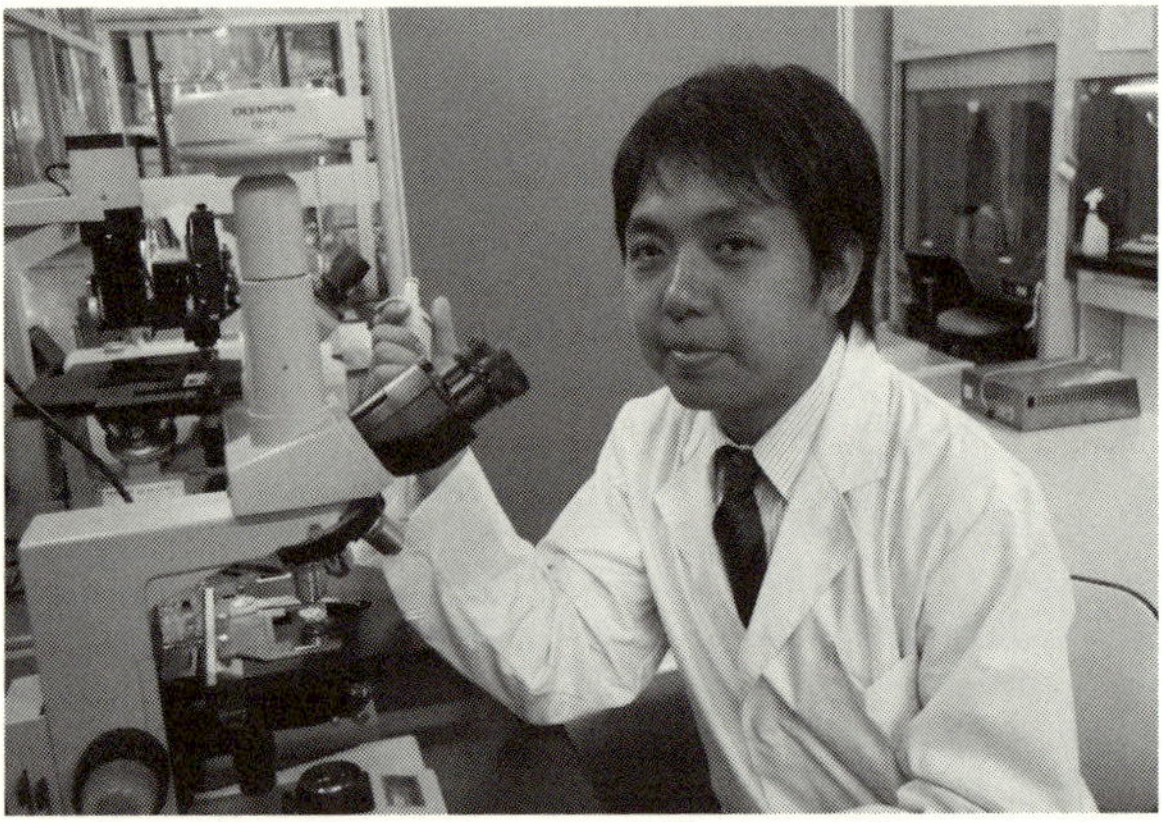
ユーグレナの研究開発部門を率いる鈴木健吾。東大の後輩で、かれこれ10年以上のつきあいだ。

投資というのは、いかに早く株価の「歪み」を発見できるか、というゲームだ。本来であればもっと高い値段がついているはずの株価が、何かしらの理由で低くなっていることがわかれば、いずれ適正な値段に回復する、というのが市場の論理である。

理論株価と現実の株価の「歪み」を見つけることができれば、誰でも大金持ちになれるとはいえ、簡単にいくはずがない。そこで昔から金融の世界では、数学のさまざまな理論を応用して、適正な株価を割り出す方程式が考え出されてきた。中でも当時名を馳せていたブラック・ショールズ理論は、現実の金融機関でも投資の計算に広く使われており、その発明者であるフィッシャー・ブラックとマイロン・ショールズは、１９９７年のノーベル経済学賞を受賞している。

僕と鈴木は、投資の素人であるがゆえに、まずはこの最先端の経済理論が教える通りに投資してみようと考えた。

鈴木は金融工学の解説書に載っているブラック・ショールズ理論の数式を見ると、「なるほど、ふんふん」とうなずきながら、いくつかの企業の株価をそれに当てはめていった。しかもどうやら、ほとんど暗算で計算している様子である。ちなみにブラック・ショールズ理論はものすごく難解な数式であることが知られ、大きく３つに分かれる方程式のうち、最後に応用される「伊藤の補題」と呼ばれる公式など、高等数学の知識と理解がないと解けない。

僕も数学は嫌いではなかったが、一日じゅう唸りながら紙とペンで計算して、どうにかこうにか答えらしきものが出せるかどうか、というレベルである。それを鈴木は、鼻歌まじりで暗算で計算しているのだ。

投資コンテストの結果は、驚くべきものとなった。我々東大チームは３か月間で１億円を1億5000万円に増やすことに成功した。それ以外の大学は、多いところで200万、300万円の増加、数校は元本を減らしていた。僕と鈴木チームの圧勝である。あまりに差がつきすぎて、テレビ的にまずいのでは、と素人の僕らが心配するほどだった。聞いてみると他の大学は、早稲田や慶應の伝統がある株式投資研究会でも、「何となくこの企業調子よさそうだよね」といった具合に、世の中のニュースやカンで株を売買しているようだった。

圧倒的な鈴木の計算力を前にして、そういえば、と思い出したことがあった。鈴木と知り合ったとき、「何が得意なの?」と聞いたところ、「僕は数学と物理が人並み外れて得意です。自分で言うのも何ですが、この二つに関してはほとんど天才だと思います」と言っていたのである。

ちなみに鈴木とは、僕が大学4年のときに、テレビ東京が主催する投資コンテストにも再び出場して、圧勝した。そのときの対抗チームは、証券会社のOBの人たちや、主婦で投資が趣味の人たちなどがいたが、あまりに我々チームとの差が大きくなってしまったので、途中から勝負にならなくなってしまった。

いまでもこのときのことを思い返すと、鈴木がなぜ金融の世界に行かずに、僕と一緒にミドリムシで起業する道を選んだのか、不思議に思えてくる。彼なら、ゴールドマン・サックスをはじめとする投資銀行にはもちろんどこにでも就職できたろうし、ジョージ・ソロスがやっているような「ヘッジファンド」と呼ばれる会社で金融理論を組み立てる仕事に就けば、普通の人では一生かかっても使い切れないほどの莫大な報酬を得ることが可能だったはずだ。

## 「国連」から「栄養素普及ビジネス」のため、農学部へ

18歳のときのバングラデシュで思い知った世界の現実と自らの無知。

グラミン銀行が成し遂げたソーシャルな仕組みによる貧困層の救済プロジェクト。

そしてＫＩＮＧで出会った、デビッドをはじめとする起業家を目指すスタンフォードの学生から受けた刺激。

これらの出来事によって、自分がそれまで漠然と抱いていた「国連に入って世界から飢餓をなくしたい」という思いが、「ビジネスを通じて飢えに苦しむ人に栄養素を提供して

いきたい」という思いへと変わっていった。

バングラデシュでの体験から、途上国で足りないのは、炭水化物ではなくてビタミンやミネラルだ、ということがわかっていた。

それでは、彼らに栄養素を届けるためにはどうすればいいだろう？

そしてどうすればそれを、ビジネスとして事業化できるだろう？

20歳の若者には難しすぎる問題であり、すぐに答えを出すことなど、当時の自分には到底できないものだった。

何よりも、知らなすぎた。栄養素のことも、農業のことも、そして農業に関わるビジネスのことも。

まずは、できることから進めていこう。

そうした流れの中で決断したのが、農業や栄養素の知識を身につけるために、農学部へ転部することだった。文系学科から、理系への転身。もともと生物は大好きだったので、あまり違和感を覚えることはなかった。だが周囲からは不思議がられたし、思いとどまらせようとしてくれた友人もいた。

バングラデシュに行ったことで、いま現在、人類が持っている知恵では貧困や飢えに関して本質的な解決が難しいことがわかった。それならば、新たな技術を見つけ出すしかない。当時はすでに遺伝子組み換え技術の研究も進んでいたし、クローン技術が大幅に進歩して、まったく同じ遺伝子を持つクローン羊が生み出されたことが話題になっていた。遺伝子を改良することで、すべての栄養素を持つ食物を開発できるのではないか、という夢を抱き、自分でそれが見つけられなくても、鈴木のような天才が集う東大農学部であれば、きっとどこかにそれができる研究者がいるはずだ、と考えたのだ。

東京大学では3年生から専門課程に分かれることを「進振り（進学振り分けの略、らしい）」と呼ぶが、自分はその進振りの手続きのときにちょうどスタンフォードに行っていたため、書類の手続き等のすべてを片寄にお願いしていた。「進振り」には2回チャンスがあるのだが、一度目の進振りでは点数が足りず、農学部転部が不合格だった。相当迷った末に、二度目の進振りも農学部転部を希望してアメリカに行ってしまったので、実は日本に帰ってくるまで自分が農学部に転部できたのかどうかはっきりわからなかった。ギリギリの最低点で進振りに合格したことは、成田空港から戻る車中で片寄に教えてもらった。

4月には農学部のガイダンスがあったが、教室どころか、キャンパスの場所すらよくわからない。農学部に来る学生のほとんどは理科二類から来るので、文科三類から来た自分には頼れる人など一人もいなかった。

そのため最初はとにかく心細く、「これは無謀なことをしてしまったなあ……」と後悔しきり。しかし農学部での授業が始まってみると、周りの先輩や同級生は本当にいい人ばかりで、すぐに高校やスタンフォード大学と同じくらい楽しい環境となった。

農学部には当時、全部で9つの専門（類と呼ばれる）があり、僕が入ったのはその中の五類、「農業構造経営学専修」というところだった。農学部というのは理系の中でも女性が多い学部だが、とくに五類は半分近くが女性という、東大では珍しい学科。

みな文系からやってきた僕に気をつかってくれて、「出雲くん、軍手はここで買うんだよ」とか、「これ最近とれたキュウリだけど食べる？」などと声をかけてくれた。自分は心の底から感動し、「やっぱり農業を学ぼうというような志を持つ人は、心がきれいだなあ」と思ったものである。

僕が東大の農学部でまず調べたのは、日本の食料自給率をどう上げていくか、について。

食料自給率と一言でいっても、カロリーベースなのか、栄養素ベースなのか、それとも食料を生み出すために使われる石油などのエネルギーベースなのかによって、さまざまな指標がある。

日本の食料自給率はたったの4割とよくいわれるが、世界的な異常気象によって穀物の生産量が激減したり、あるいは政変などによって石油が入ってこなくなったりした場合には、飽食国家と呼ばれる日本でも、食料が不足する可能性がある。どうすればそのような危機的な状況を未然に防ぐことができるのか、またそれと同時に、海外に対してどのような食料支援をすることがその国にとって真に有益となるのかを研究のテーマとしながら、「栄養素普及ビジネス」のヒントを探していた。

## 「新鮮なリンゴを新鮮なまま届ける」ことの難しさ

僕が学んだ「農業構造経営学」とは、その名の通り、どうすれば人間にとってよりよい農業を実現することができるのか、あらゆる側面から研究する学問だ。農業というのは、種をまいて肥料をやって収穫すればいい、というものではない。その土地ごとの気候の問題もあれば、生産した農産物をどうやって腐らせずに、必要とする人がいる場所まで輸送するかという問題もある。また農業をすること自体が環境に影響を及ぼすようなことも起きる。

僕がバングラデシュで体験した「乾パンはたくさんあっても、新鮮なリンゴは一つも届かない」という問題も、農業の「構造」がうまくいっていない証拠である。日本からバングラデシュにリンゴを運びたいからといって、それに防腐剤を塗るわけにはいかない。ならば飛行機で運べばいいかといえば、コスト面から見てまったく折り合わない。タンカーで運ぶとしても、洋上では船内倉庫の温度が直射日光の影響で50度以上にもなるので、全部傷んでしまう。

それならばバングラデシュでリンゴは生産できないかと考えたとする。その場合は、土地の土壌の成分にヒ素などの有害物質が含まれていないか、きれいな水が十分にあるか、灌漑《かんがい》施設の整備状況も問題となる。汚染された土地で農産物を作ると、食物連鎖により生物濃縮が起こり、それを食べた人の健康を害することになりかねない。

いったいどうすればバングラデシュに生きる子どもたちに、新鮮なリンゴを届けることができるのか、それをビジネスの面も考慮に入れたうえで研究するのが農業構造経営学だった。まさに僕が勉強してみたいと考えていた分野であり、「どストライク」という感じだった。

## テクノロジーだけでは、世界は変わらない

この学部、そしてゼミで学んだことが、いまの仕事でもたいへんに役立っている。何よりよかったのは、「技術一辺倒」にならなかったことだ。

僕が入ったのは農業経営学の研究者である木《き》南《みなみ》章《あきら》先生のゼミで、そこでは「ハイテクを導入するだけでは農業は決してうまくいかない」ということを、さまざまな実例を通じて教えてくれた。研究者がよかれと思って提案することでも、農家の人がそれを取り入れるかどうかは、非常に複雑な要素が絡まりあって決まる。

農産物の生産は、単純に農業で儲かるか、儲からないかという問題だけでなく、環境に与える影響や、生産する農産物のイメージがどうか、自分たちがそれをやるだけの意味があるかなど、たいへん感情的で、ときには一見理不尽と思えるような意思決定によってな

されることも少なくない。

木南先生が、当時流行していたおもちゃの『たまごっち』をひきあいに、「高度なテクノロジーなどを使わなくても、人々の心を捉えれば、喜んでもらえるものを作ることはできる。みんなに美味しいものを食べてもらう、という根源的な人間の欲求を満たすことができるのが農業なんだ」と仰っていたことをよく覚えている。

自分たちがいくら農業のテクノロジーを研究したところで、本当に世の中をよくしたいと思うのであれば、その技術を受け入れてもらえるような環境も同時に作っていかなければならない。

僕自身、ビジネスを始めてからは、このことを痛いほどに知らされることになる。しかし、このゼミで学んだことは、つらい時期の僕を導いてくれることにもなったのだ。

# 第2章

# 出会いと、最初の一歩を踏み出すということ

## 仙豆を求めて

東大農学部五類、農業構造経営学専修。

この学部に進んだことで、僕はついに「運命」と出会うことになる。

僕は学部の勉強をするかたわら、世界から栄養失調をなくす計画のほうも真剣に考え続けていた。あるときから思うようになったのが、「地球のどこかに仙豆《センズ》のような食べ物があったらいいのにな」ということだった。

「仙豆」というのは、鳥山明氏の描いた国民的マンガ、『ドラゴンボール』に登場する食べ物だ。高い塔の上で猫の仙人カリン様が栽培しており、1年間に7粒しか収穫できない。しかし1粒食べればそれで10日間は何も食べずに飢えをしのげ、どんなに体が傷ついていても、一瞬で完璧に回復するという魔法の食べ物である。

前にも述べたが、バングラデシュの子どもたちに足りないのは、コメのような炭水化物ではなく、タンパク質やミネラル、ビタミンなどの栄養素だ。それら必須栄養素を十分に届けるためには、1種類の野菜や果物だけでは足りない。できる限り栄養価の高い、まさに「仙豆」のような食物を見つけ出さないと――僕はそんなことばかり考えるようになっていた。

その頃の僕は、「なんでわざわざ農学部に理転（理系学部に転部）してきたの？」と聞かれると、「バングラデシュで仙豆を栽培するためです」と答えて、誰彼かまわず、「仙豆みたいな食べ物はないですか？」と聞いて回っていた。

しかしその結果わかったのは、「牛肉には十分なビタミンCが存在しないし、植物は魚が持つＤＨＡ（ドコサヘキサエン酸）を合成する遺伝子を持っていない。つまり植物は植物固有の栄養素を作り、動物は動物固有の栄養素を作っていて、人間という生き物は、植物と動物の両方をバランスよく食べないとダメなんだ」という当たり前すぎる事実だった。

動物と植物の両方の栄養素を備えた農産物が作れる可能性が万に一つあるとすれば、遺伝子の組み換え技術かもしれない、とも考えて、その分野で著名な東大の先生に意見を聞きにいったりもしたが、結果は同じだった。

この頃から、自分で技術を研究するよりも、「自分はその技術を広めるビジネスを担当して、研究は誰か得意な人と一緒にやったほうがいい」とも考え始めていた。そうしていろんな人に聞いて回ったり、紹介をお願いしたり、幅を広げるべくさまざまな分野の授業に出たりしたのだが、なかなか仙豆のような存在とは出会えず、徒労感だけが募っていった。

## ミドリムシとの運命的な出会い

「これだけ探しても見つからない。もしかすると、仙豆みたいな食物は、自然界にはないのかもしれないな……」

そう思いかけていたときに、ふと鈴木とそのことについて話す機会があった。サークルの飲み会のあと、鈴木の家に泊まったときのことだったと思う。鈴木とはそれまでもとくに仲がよかったし、何でも話せる間柄だったが、普段はビジネスや投資の話ばかりで、なぜかそのときまで仙豆の話をしたことはなかった。

鈴木に「……こういうわけで、ずっと仙豆を探してるんだけど、見つからないんだよね」と話したところ、鈴木は「仙豆ですか？　そんなものはありませんよ。あれはマンガだけの話でしょう」ときっぱりと言う。それを聞いてがっくりきた僕が、

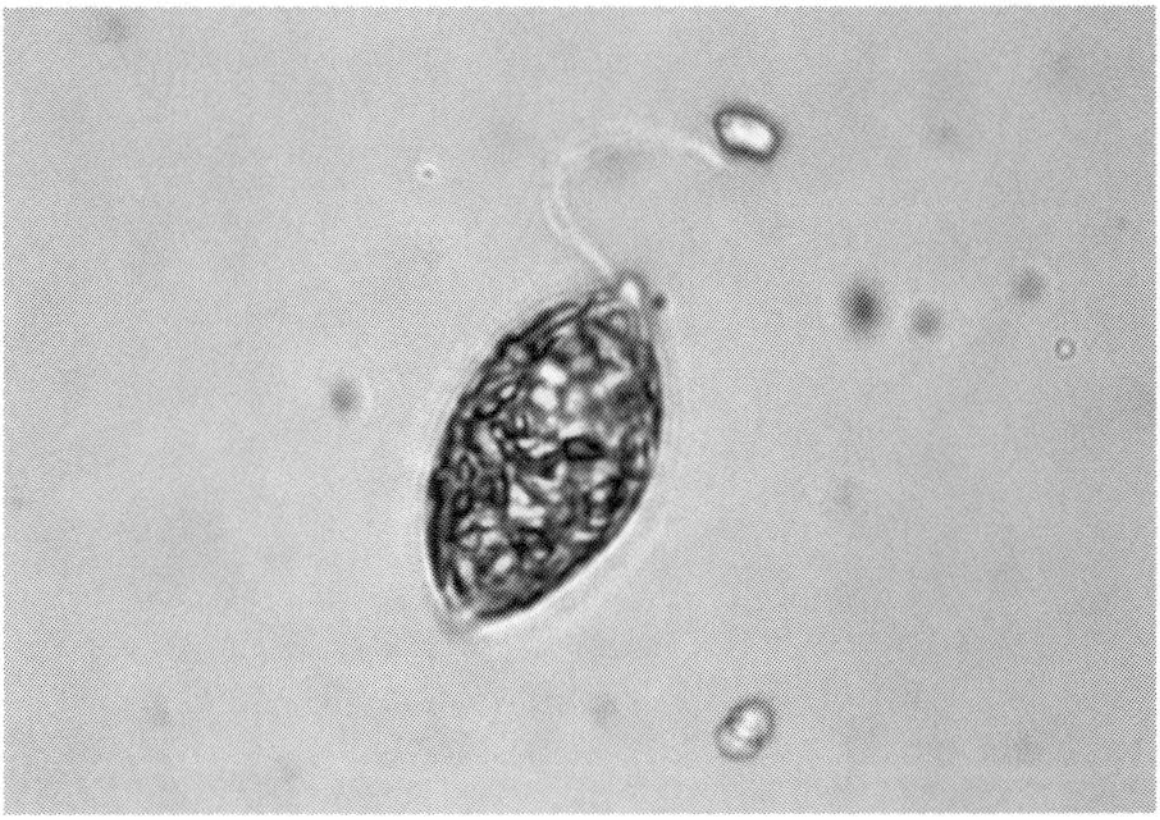
ミドリムシ（学名ユーグレナ）。

「やっぱりそうか。仙豆なんて夢の食品、現実にあるわけないよなあ……」

と諦めムードでつぶやいたところ、鈴木は何ということもなくあっさりとこう言った。

「でも、ミドリムシなら仙豆に近いんじゃないですか。植物と動物の間の生き物ですから」

ミドリムシ、という言葉を聞いた瞬間、僕は雷に打たれるような衝撃を受けた。もちろん自分もミドリムシという微細藻類について名前は知っていた。中学の理科の教科書で写真も見ている。だがその瞬間まで、ミドリムシが仙豆になりうる存在であるとは、まったく考えもしなかった。

ミドリムシは体内に葉緑素を備えていて、光

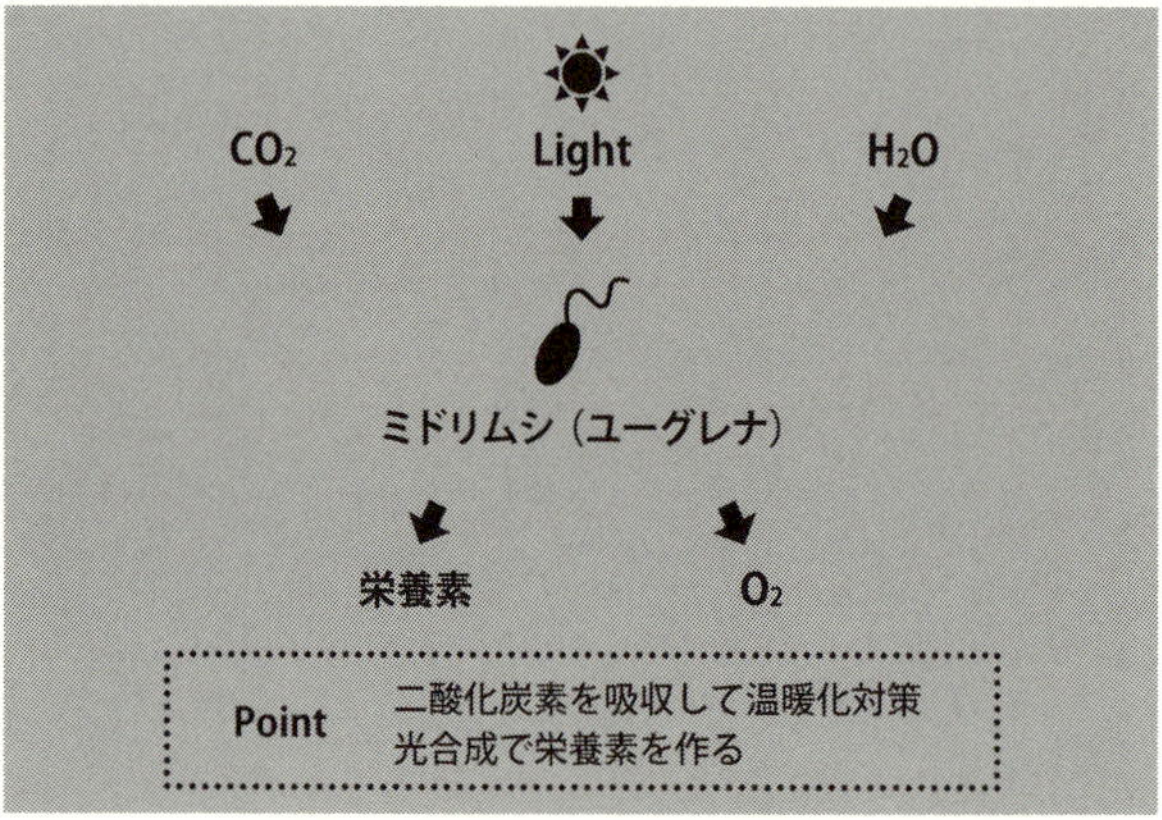


合成を行い、植物性の栄養素を作り出す。それと同時にミドリムシは自ら動く性質を持っており、動物性の栄養素も作ることができる。

ミドリムシが、僕がいたゼミのお隣、鈴木のいる農学部六類で長年研究されていたことを、僕はまったく知らなかった。

「ミドリムシは、まさに仙豆じゃないか！　すごいよ！　大発見だ！」と興奮する僕に、鈴木は冷ややかな声で、「出雲さん、そんなことも知らなかったんですか。常識ですよ」と水を差した。

さらに鈴木は、驚くべきことを教えてくれた。

なんと僕が後に「ミドリムシ仙豆プロジェクト」と勝手に呼び始めることになる計画は、すでに10年以上前から日本に存在していたのである。

## 近藤論文の衝撃――ミドリムシはなぜ地球を救えるのか？

その名も、１９９３年に始まった「ニューサンシャイン計画」。オイルショックを契機に通産省が中心となって進めた「サンシャイン計画」の後継として始まったこの計画では、未来の日本のエネルギーを太陽光発電や自然エネルギーに置き換えていくとともに、生物由来のバイオマスエネルギーを活用することが想定されていた。その中核となったのが、近藤次郎教授が１９８０年代から構想し、１９９８年に論文「地球環境を閉鎖・循環型生態系として配慮した食糧生産システム―藻類（ユーグレナ）の食糧資源化に関する研究―」としてまとめたアイデアだった。

この論文では、学名ユーグレナ、つまりミドリムシを大量に培養して、栄養素豊富な食料として利用すること、またミドリムシが光合成によって太陽から取り入れたエネルギーを石油と同じように精製し、燃料としても利用できること、さらには二酸化炭素を吸収させて、地球温暖化を食い止められることが、詳細に書かれていた。

僕はその論文を読んで、「まさにこれが自分の探し求めていたものだ。これこそが仙豆

収穫した粉末状のユーグレナ。

だ！」と確信した。弁論大会で気づき、バングラデシュで直《じか》に目にした栄養素問題を解決できるのだ。

それもただの仙豆ではない。$CO_2$を吸収し、エネルギー燃料にもなるのだ。ちなみに鈴木は、エネルギー問題を解決する可能性に関心があり、近藤先生の論文を読んでいたようだ。

ミドリムシのポテンシャルは本当にすごい。

ミドリムシは植物と動物の両方の性質を持っているので、両方の栄養素を作ることができる。その数は、なんと59種類にも及ぶ。ミドリムシを大量生産し食料資源化ができれば、将来、日本に食料危機があったとしても、輸入食料に頼らずに必須栄養素を賄うことができる。

| ミドリムシに含まれる59種類の栄養素 | |
| --- | --- |
| ビタミン類 | α-カロテン、β-カロテン、ビタミン$B_1$、ビタミン$B_2$、ビタミン$B_6$、ビタミン$B_{12}$、ビタミンC、ビタミンD、ビタミンE、ビタミン$K_1$、ナイアシン、パントテン酸、ビオチン、葉酸 |
| ミネラル類 | マンガン、銅、鉄、亜鉛、カルシウム、マグネシウム、カリウム、リン、ナトリウム |
| アミノ酸類 | バリン*、ロイシン*、イソロイシン*、アラニン、アルギニン、リジン*、アスパラギン酸、グルタミン酸、プロリン、スレオニン*、メチオニン*、フェニルアラニン*、ヒスチジン*、チロシン、トリプトファン*、グリシン、セリン、シスチン　＊は必須アミノ酸 |
| 不飽和脂肪酸 | DHA、EPA、パルミトレイン酸、オレイン酸、リノール酸、リノレン酸、エイコサジエン酸、アラキドン酸、ドコサテトラエン酸、ドコサペンタエン酸、ジホモγ-リノレン酸 |
| その他 | パラミロン（β-グルカン）、クロロフィル、ルテイン、ゼアキサンチン、GABA、スペルミジン、プトレッシン |

分析元：一般財団法人日本食品分析センター等

しかも農地ではなくてプールで生産すればいいので、工場跡地や砂漠のような土地はもちろん、バングラデシュのヒ素で汚染された土地でも生産できる。さらに2000年頃の日本ではまだ盛り上がっていなかったが、「将来、必ず地球温暖化が大きな問題となる」ということが言われ始めていて、そうなったときはミドリムシに$CO_2$を減らしてもらうことができる。はるか5億年前から$CO_2$を吸収してきたミドリムシは、高等植物よりも圧倒的に$CO_2$の処理能力が高い（専門的には、光合成能が高い）ので、森林が減少した分の酸素の生産を補うことが可能になるのだ。

さらにさらに、世界人口は爆発的に増えることが予測されているが、ミドリムシを増産することで、地球環境を維持しつつ、世界の人々は健康に暮らすことができるだろう、と論文には書いてあった。

「さすが東大！　近藤先生すごい！　天才だ！」

と興奮した僕は、すぐにでも近藤次郎先生にお会いして、ミドリムシをビジネス化する方策についてご相談しようと決めたのだった。

## すべては「培養できたら」――頓挫した「ニューサンシャイン計画」

こう決めた後の行動は速い。

しかし当時近藤先生は、すでに東京大学を退官されていたので、近藤先生の教えを引き継いだ東京大学の大政謙次先生と大阪府立大学の中野長久《よしひさ》先生に会おう、と決めた。この二人こそ、ニューサンシャイン計画を引き継いだ中心的な研究者だった。

僕はすぐに鈴木のゼミの指導教授であった大政先生にお会いして話を聞き、さらに紹介状を書いていただいて大阪へ向かった。

大阪府立大学の中野先生のところを訪れた僕は、開口一番にこう尋ねた。

「先生、この近藤先生の研究は、本当にすごいです。自分はぜひこの計画を現実化して、ビジネスにしたいと思っているんですが、現状はどうなっているんですか？」

すると中野先生は、「……ミドリムシか。実はいま、その研究は進んでいないんだ」と言われた。

僕はポカーンとして、問いを重ねる。

「……どういうことですか？」

「ミドリムシはね、本当に難しいよ。この論文はね、全部『培養できたら』という仮定の話なんだ。つまり『培養後』の未来を描いた論文で、ミドリムシの培養には、世界でまだ誰も成功していないんだ」

確かに論文を読み返してみても、どうすればミドリムシが培養できるかには、一切触れられていない。中野先生に聞くと、１９５０年代からさまざまな研究者が世界じゅうで培養を試みてきたが、芳しい成果はあがっておらず、いまではほとんど誰も目を向けていないという。ユーグレナ研究の権威である近藤先生や、研究を継いだ大政先生も中野先生も四苦八苦して実験を続けたが、いずれも満足のいく結果に至っていない、というのだ。

しかも2000年、すなわち僕が訪れたこの年に、ニューサンシャイン計画は頓挫、終了したのだった。

まさにそのタイミングで、若い僕が勢い込んで大阪までやってきた、というわけだ。

「難しい挑戦だよ。すべては『培養できたら』だから」

中野先生は、そう僕に告げた。

鈴木は大政先生のゼミに所属していたため、僕よりミドリムシについてずっと詳しく知っていた。そのため内心では「ミドリムシの培養は無理だ」と思っていたらしい。大政先生も、ミドリムシの研究については難しいだろうと考えていたため、鈴木がそれを研究テーマとすることに対しては、「どうしてもと言うならやってもいいけど、メインのテーマにしないほうがいい」と助言していた。

## 月産耳かき1杯——そもそもミドリムシの培養はなぜ難しいのか?

いったいなぜミドリムシの培養は、そこまで難しいのだろうか? 調べてみると、その理由がわかってきた。

簡単にいえば、ミドリムシは「美味しすぎる」のだ。生物学では「バイオロジカリー・コンタミネーション」（生物的な汚染）と呼ぶが、培養している間に、他の微生物が侵入してきて、あっという間にミドリムシを食い尽くしてしまうのである。

それほどに、微生物の培養というのは、常にこの生物的な汚染との戦いなのである。「世界初のミドリムシの屋外大量培養技術」を確立した僕らにとって最後までハードルとなったのも、この問題にほかならない。

乳酸菌なども、培養槽で増産している最中に、ちょっとでも別の菌が侵入すれば、もとの菌が喰われてしまう危険性がある。

そのために乳製品を造る食品メーカーは、自分たちのヨーグルトをはじめとする商品を作り出す大事な乳酸菌を、徹底的に守るようにしている。その菌がそこらのバクテリアに食べられてしまったら、たいへんな損失になってしまうからだ。

日本酒も同じだ。コメを発酵させている樽の中に変な菌が入ってきて巣を作られてしまったら、美味しいお酒ではなく、酸っぱい酢ができてしまう。いわゆる「火落ち」だ。そのためお酒を造る杜氏《とうじ》は、徹底して身を清めて、酒造現場に菌が混入するのを防いでいる。

発酵や培養というのは、目的とする菌以外の増殖をいかに防ぐか、その研究の歴史なのである。そしてミドリムシの培養は、その研究のラストに位置する生き物だというのだ。当時の鈴木はよくこう言っていた。

「ミドリムシが培養できたら、もうほかに培養できないものはないと思います」

なぜかといえば、ミドリムシの栄養価があらゆる微生物の中でもトップレベルにあるからだ。栄養があればあるほど、他の微生物に狙われやすい。だから培養は極めて難しく、ちょっとの汚染で全滅してしまう。

結果、当時の技術では研究室内で「月産耳かき1杯」、つまり月にほんの数グラムしか産出できず、産業として成り立つ目処など夢のまた夢、という状況だったのだ。

## 5億年前から地球を支えてきたミドリムシ

僕たちが生きるこの世界の食物連鎖は、実はミドリムシなどの微生物によって支えられている。自然界に存在するミドリムシが、太陽エネルギーを吸収していろんな栄養素を作り出し、ミジンコや他の微生物がそれを食べて生活する。そしてそのミジンコを、イワシなどのより大きな魚が食べて、さらにマグロなどの大型の魚類がイワシを食べる。

僕たちが魚を食べることで体に取り入れているDHAという栄養素も、元をたどればミドリムシなどによって生産されている。ミドリムシが持つ栄養素が、食物連鎖を通じて、あらゆる動物の成長を支えているのだ。そしてその動物たちも、死んだあとは微生物によって分解されて、海中の藻類や地上の植物たちに吸収されていく。つまりミドリムシは、すべての食物の原点なのである。

理科の授業で習った通り、その辺の池や川を覗けばミドリムシを見つけることはすぐにできる。自然界にミドリムシは大量に存在しているが、それだけを純粋に人工的に培養するのは、極めて難しい生き物でもある。何しろ、ミドリムシばかりが入った実験容器の中は、他の微生物から見ればごちそうそのもの。少しでも油断して侵入を許せば、あっという間に他の微生物に食べ尽くされてしまうのだ。

この地球上で5億年前から、常に食べられ続けることで世界を支えてきたミドリムシ。5億年前にミドリムシが地球にデビューしたときから、いろんな生物がミドリムシの栄養を食べて進化してきた。

ミドリムシの仲間である藻類が出現する前の地球には、バクテリアしか存在しない。陸上には生物が存在せず、大気の成分のほとんどは二酸化炭素だった。しかしあるときミドリムシが海に生まれて、ほかの藻類と一緒に、少しずつ一生懸命に光合成をすることで、$CO_2$を酸素にしていった。そして大気に含まれる酸素濃度が15〜20パーセントになったおかげで、生き物は水中から地上へと出ていけるようになったのだ。

魚はやがて両生類へと進化し、爬虫類、鳥類、哺乳類へと続く。人類が登場するまでのその間、4億9900万年もの年月がかかっている。

つまり我々人類も、ミドリムシがいなかったら、存在していないのだ。ミドリムシは5億年前から地球を救ってくれていたのである。

## 「35歳で、ミドリムシとともに立つ」

僕はこのときに、自分の「天命」を知った。

それは「ミドリムシが地球を救う」ことを手助けすることである。

あくまで「ミドリムシが」救うのであり、僕がミドリムシというバイオテクノロジーを使って救うのではない。主人公は、ミドリムシだ。

5億年前から、ミドリムシは地球を救い続け、そしてこれからも地球を救うのだ。

——自分はその手助けを、人生の目標としよう。

このとき、そう決意した。

しかしそのためには、「ほぼ絶対に不可能」と言われるミドリムシの大量培養を成功させなければならない。

中野先生に「僕と鈴木が培養の研究を再び始めたとして、どれくらいかかりそうでしょうか」と尋ねたところ、「10年は覚悟したほうがいい」と言われた。

そのとき、僕は21歳。10年後の自分は31歳だ。培養に成功してからも、ビジネスとして軌道に乗せるためには数年はかかるだろう。

そこで「35歳で、ミドリムシとともに立つ」と心に決めた。このときから、僕とユーグレナの歴史が始まった。

……と、格好つけて言ってみたが、「35歳」とだいぶ先の未来に目標を定めたのは、自分自身が果たして本当にできるかどうか、心の中で半信半疑だったからだ。前にも書いたが、僕は生まれついてのリーダーではない。

「これをやりたい！」と思いついても、どうすればそれが実行できるかわからず、いつも誰かに助けてもらってどうにかやってきた。

このときも鈴木という天才がいたからこそ、ミドリムシで栄養素普及ビジネスを実現する、という目標を定めることができたといえる。この先に、どういう苦難が待ち受けているか、この時点では当然のことながら、まったく見えていなかった。

# 第3章

# 起業と、チャンスを逃さずに迷いを振り切るということ

## 東京三菱銀行に就職――克服できない弱さ

31歳までにミドリムシの大量培養に成功し、35歳には会社を設立する。目標は、明確に定まった。あとはその実現に向けて、歩んでいくだけだ。そのための準備として、僕はまず銀行に就職することにした。

研究の資金を集めるのにも、会社を設立するのにも、まず先立つもの、つまりたくさんのお金が必要になる。そのためには、ビジネスでお金がどのような動き方をするのか、勉強しておいて損することはない、と考えたのだ。いずれ自分で会社を立ち上げるときにも、銀行で働いた経験やそこで培った人脈は、きっと経営に役立つに違いない。

そこで銀行を中心に就職活動を行い、大学を卒業した2002年の4月に、東京三菱銀行（現在の三菱東京UFJ銀行）に就職した。

こう書くと順風満帆に、計画通りに人生が進んでいるように見えるかもしれない。だが実は、「銀行に就職した」のは自分の「弱さ」が理由だった。いきなり大学を卒業してベンチャーを起業する、という道もあったはずだが、自分にはそんな度胸はなかった。ミドリムシに対してまだ「？」を持っていたということもある。しかし、それ以上に、僕はそれまで自分が歩んできた「レール」を降りることが怖かった。

東京大学で文系、理系の両方の学問を学び、全国規模の起業家コンテストを開催、こういった僕の「学生時代の自慢できるトロフィー」を面接でいえば、内定を出してくれる企業は多かった。

しかしその一方で、「東大卒であることを抜きにしたら、自分にどんな価値があるんだ？」という思いが、常に頭の片隅にあった。スタンフォードの学生たちのうち、最も優秀な学生は、卒業後すぐに自分でベンチャーを起こし、経営者になる。その次に優秀だが、やや独創性に欠ける学生は、投資銀行やコンサルティング業界に就職する。そして一番イケてない学生が、安定を求めて、大企業に就職するという。

一方で東大の学生の価値観は、真逆だ。東大卒でベンチャーを起こす学生など、当時はほとんどいなかった。官僚になるか、弁護士や医者などの社会的ステータスの高い仕事に就くか、東証一部上場企業に入社するというのが「東大エリート」の当たり前のキャリアだとみんな考えていた。

そして僕自身が、典型的な東大生であり、そういう自ら新しい道を切り拓けない自分に屈折したコンプレックスを抱いていた。

東京三菱銀行を選んだのも、銀行の仕事に強い興味関心があって働きたかったからではなく、就職ランキングでトップだったから、というのが本当の理由だった。起業家に激しい憧れを抱きながら、結局のところ、冒険する勇気がなかったのだ。

## 銀行員時代に学んだ大切なこと

銀行というのは一般的に、堅実で安定志向の、真面目な人が行く就職先というイメージがある。そのため僕も、入社前は、

「東京三菱銀行も、アメリカの東海岸的な、エリート志向の暗い勉強好きな人たちばかりが集まっているのだろうな」

と予想していた。しかし実際に働き始めると、予想に反して素晴らしい人ばかりだった。

銀行に就職する学生の多くは経済学部出身だ。農学部から銀行に来るという経歴も珍しかったらしく、先輩たちは「銀行というのはこういう仕事をしているんだよ」と懇切丁寧

に教えてくれた。それで、いっぺんに僕は会社が好きになってしまった。

配属されたのは東京神田、神保町にある支店。住宅ローンを申し込みに来た方の窓口対応や、ATMなどのお金の管理などが主な仕事だ。ただやはり他人の大切なお金を扱う仕事だけあって、勉強することはとても多く、毎朝「小テスト」があったのにはまいった。

手形や小切手の手続き、さまざまな金融商品の取り扱い方法、会社法など銀行業務に関わる関連法規、生命保険販売員の資格試験など学ぶべきことは数多くあり、みんなずっと社内のカフェや食堂で勉強している。

勉強はとてもたいへんだったが、銀行で働くこと自体は、とても楽しくて、居心地がいい職場だった。農学部出身の自分は銀行の中では変わり種のようだったが、「日本の金融もこれからは構造改革が必要だから、出雲くんのような異分野出身の人材にもがんばってほしい」と先輩方は言ってくれた。

一方、窓口で働くこともまったく苦にならなかった。一年目ということで雑用仕事も多かったが、いろんな工夫をすることで事務仕事を早く片づけられるようになることが楽しかった。時間帯によってどのフロアのコピー機が空いているのかを把握して、上司の求めに応じて大量の資料をすぐ揃えられるようにしたり、金庫とATMの往復回数をどうすれば減らせるか工夫したりして、ルーチンの作業も飽きずに取り組んだ。またそういう姿勢で働いていると、上司や同僚も「がんばってるな」と声をかけてくれて、嬉しかった。

その頃の僕は、昼間は銀行で働いて、夜は鈴木のアパートに寝に帰る、という暮らしをしていた。たぶん、週のうち半分以上は鈴木の家に泊まっていたと思う。スーツや下着も鈴木のアパートに置いてあり、ズボンにシワがよってしまって替えがなかったら、鈴木のスーツを勝手に借りて出勤したりもした（背格好がちょうど同じくらいなのだ）。

なぜ鈴木の家にそんなに泊まっていたかといえば、もちろんミドリムシによる栄養素普及ビジネスの実現のためである。とはいえ前述のように、大量培養に成功しなければ、ビジネスも何も始まらない。そこで鈴木は大学の研究室で、ミドリムシの培養の研究をひたすら続けていた。

銀行から帰ると、鈴木に向かって、「今日の実験はどうだった？」とか、「こんな異常値が出るはずがない。フラスコちゃんと洗ってなかったんじゃないの？」などと、寝っ転がってポテトチップスを食べながら文句をつける、というのが日課だった。鈴木もよく怒らなかったと思う。男二人のせまいワンルームのアパートの半同棲生活は、僕が銀行を辞めた後もしばらく続いた。

銀行は寮を用意してくれていたのだが、僕はほとんどそこには帰らなかったので、寮母のおばさんには、何か悪いことにハマってるのではないか、と疑われていたかもしれない。

しかし半年ほど働いているうちに、「ちょっとこのままではやばいな……」という思いも募っていった。あまりにも素晴らしい職場だったので、「ミドリムシは諦めて、このまま銀行にいたほうが楽しいな……」などと思い始めるようになってしまっていたのだ。

## もう一人の「父親」——後悔しない道とは何か

どっぷり銀行員の暮らしに染まってしまったら、抜けられなくなりかねない。そういう漠然とした危機感を覚えた僕が迷いを振り切れたのは、学生時代に知り合った出版社の編集者である原 孝《はらたかし》さんの、ある言葉のおかげだった。

東大で起業家コンテストを主催していた僕たちのサークルは、当時多くの人から注目されていて、社会人との接点も多かった。その縁で、出版社で単行本の企画をしていた原さんが「東大生をテーマにした本を出したい」とサークルに来たことがあった。北爪さんが、「出雲という面白い後輩がいます」と僕を紹介してくれて、僕は原さんと知り合った。

原さんは当時50歳過ぎのベテランで、出版業界の中でも敏腕の編集者として有名だった。僕は本の企画のための取材を何度か受けるうちに、原さんと親しくなっていった。毎回必ず男気で自腹を切ってご馳走してくれる太っ腹な原さんには、あちこち美味しいお店に連れていってもらった。

就職してからも原さんとはよく会った。原さんと会うとどんな悩みも吹き飛んでしまう、僕にとって原さんは最高の相談相手だった。

そんな原さんにも相談できない悩み、それが「ミドリムシを諦めて、このまま銀行にいていいのか」。

どんなに考えても、悩んでも、答えが出ない。

これまで自分が選択した道は、いつも失敗するか、途中で変わっていた。国連に行こう、と思っていたのに結局行かず、シリコンバレーの空気を感じて本当は起業をしたい、と思ったのに結局は度胸がなくて大手の銀行に就職した。誰もがうらやむ会社を辞めるという選択をして、後からミドリムシが成功しなかったら、いったいどうするんだ。

それに東京三菱銀行といえば、日本の金融業界の中でも頂点に位置する会社である。内定をもらったときには、家族も大喜びしてくれた。一方、ミドリムシの培養が成功する目処はまったく立っていない。それなのに会社を辞めるなんて、常識的に考えれば、狂気の沙汰と言っていい。

理性的にはいま辞めるのは間違いだ、と思った。もともと35歳で立つ、と決めたのはミドリムシ培養のハードルが思ったよりも高いことが大きな理由だった。少なくとも培養が成功してから、5年先、10年先に起業しても遅くない。しかし……。

結局自分一人では結論が出せず、2003年3月の寒い日に、原さんに連絡をとった。

「出雲です。実は相談がありまして、今日の夜、少しでもいいからお会いできませんか」

「今日か、うーん、ちょっと約束があるんだよ」

「……あ、そうですか、それならいいです。突然すみませんでした」

そう言って僕は電話を切ろうとした。原さんは「ちょっと待て」と遮った。

「いつもと声のトーンが違うな。何かよっぽど大事な相談なんだろう。わかった。赤坂の東急ホテルで会おう。俺の約束は動かすよ」

僕は「ありがとうございます！」とお礼を言って、仕事のあとで東急ホテルに向かった。そしてやってきた原さんに、自分がいま抱えている悩みを打ち明けた。原さんはじっと僕の話を聞いてから、静かな口調でこう言った。

「10年経ったら辞めるっていうのは、お前、ずっと辞めないってことだよ。先延ばししているだけだ。一生後悔したくなかったら、いま、レールから降りるんだ。バッターボックスに立て」

僕は頭の中が、かーっと熱くなるような感覚を覚えた。

「……出雲がうらやましいな。これから自分の夢に向かって進んでいくことができて」

このとき僕は、本当に驚いた。

僕からすれば、出版社の重役で何不自由ない原さんが、僕みたいな社会に出たばかりのぺーぺーの若者をうらやましがる理由なんて、さっぱりわからなかった。

「原さん、なんでそんなこと思われるんですか」

「そりゃあそうさ、若い君にはチャレンジしたいという夢がある。そして、これから挑戦することができるんだから」

僕はビックリして次の言葉を待った。

「……俺はずっと映画を撮りたかったんだよ」

原さんとは2年以上のつきあいだったが、その話を聞いたのはこのときが初めてだった。

「学生のときから映画が好きでね。いつか映画監督かシナリオライターになろうと決めていたんだ。夢が諦めきれず、大好きだった新聞記者を辞め、失業保険をもらい、アルバイトをしながら夢にむかっていたが、現場の助監督や下働きはなかなか食えないっていうだろう。食うために違う道を歩み始め出版社に就職して、どんどん出世していってね」

原さんは、いまでも自分が映画を作らなかったことがずっと心に残っていて、ときどき夢に見る、と言った。

原さんの心からの言葉を噛みしめていたら、途中から涙が出てきた。自分もこのまま居心地のいい銀行で働いていては、いつかミドリムシのことを忘れてしまうだろう。最後に僕はこう言った。

「ありがとうございます。自分は、銀行を辞めます」

後からわかったことだが、その日、原さんはある会社の役員と赤坂での夕食が終わり、これから銀座に行って飲みましょうと誘われて、タクシーを待っている最中だった。そんな大事なアポイントを動かしてまで、わざわざ僕なんかのために時間を割いてくれたのだ。「役員とはその日以外会えないわけじゃないけど、若者が一生後悔する道を選ぶのを見るのは、忍びないからな」と原さんは言ってくれた。人生が一度きりであることを教えてくれたこのときから、原さんは僕にとって二人目の父親のような存在になった。銀行を辞め、月収がゼロになって本当に食うや食わずのときも、原さんはかわらず自腹を切ってご馳走し続けて下さった。

原さんがいなかったら、恐らく自分は起業家の道を、ミドリムシの道を歩むという「バッターボックス」に立つことはなかったし、ユーグレナという会社も存在していなかったに違いない。

## 新横浜で途中下車——本気で挑戦するためにリスクを取る

実際に辞めるにあたっては、かなりの苦労があった。それまで会社の人にも、「将来起業したい」と考えていることを、言ったことはなかった。そのため僕が一年働いただけで「辞めたいと思っています」と告げたときには、先輩たちにも人事の方にも、大いに驚かれた。「考えなおせ」と慰留の言葉もたくさんいただいた。

当然のことながら家族も大反対で、母親はショックで一時的に寝込んだほどだった。しかし、原さんと相談したあとの僕の決意は固かった。

「残念だなあ、出雲くんとは一緒に銀行をよくしていけると思っていたんだが」

お世話になった先輩たちがそんなふうに惜しんでくれるたび、本当に申し訳ない気分になった。

東京三菱銀行は就職人気ランキングのトップで待遇もよく、将来が約束されている。一年で辞める社員なんて銀行の歴史上でも珍しい。そのため人事の人にも同僚からも「どうして辞めるの？」と聞かれたが、正直に「起業のためです」と答えることはできなかった。なぜならば、その時点でミドリムシが培養できる見込みはまったく立っておらず、将来ミドリムシのビジネスを始められる可能性もまったくわからなかったからだ。原さんに背中を押してもらってもなお、自分の心には「弱さ」が巣食っていた。

そんな弱さを抱えたまま、僕は東京三菱銀行を、入社一年で辞めた。

「銀行で働いてキャリアを積み、万全の体制を整えたところで30歳前後で起業する」というプランは、これで真っ白になった。

その「安心プラン」のイメージは、旅行に例えれば、安心で快適で、スピードの速い新幹線に乗り込み、目的地である新大阪まで順調に行くという感じだろうか。ところが自分は、東京駅から新幹線に乗り込み、動き出したところで、新横浜の駅で降りてしまった。ホームに一人、ぽつんと立っているような感覚だった。

最近はいろんな人に、「最初からミドリムシで成功する確信があって、銀行を辞めたんですよね」と言われる。しかしここまで書いた通り、まったく成功する見通しはなかった。

安定した就職先である銀行を辞めて、ミドリムシというわけのわからないものをテーマに起業するのだから、普通は、何かしらビジネスプランなり成功への道筋が見えているからそういうリスクを取れると考える。それが当たり前だろう。

そう言われるとその通りのような気もするが、しかし僕の周りにいるベンチャーの社長に聞いても、最初から「このビジネスで必ず成功できる」という確信があって始めた人はほとんどいない。

逆に退路を断っておかないと、どうしても言い訳をして先延ばしにしてしまうし、事業を大きく前に進めるようなよいアイデアが生まれてこないと思ったから起業に踏み切った、という人ばかりだ。

だから当時の自分も、ミドリムシで成功できるという確信はまったくなかったが、それにもかかわらず辞めたのは、原さんのアドバイスがあったことと、「そうしなければダメだ」と思ったからだ。

大学の尊敬する先輩たちも、「将来、起業するとしても、銀行で働きながら準備すればいいじゃないか」「うまくいくと確信できてから辞めたほうがリスクが少ないぞ」と言ってくれた。それが当たり前の常識的な道であることは100%間違いない。僕もまったくその通りだと思う。

だが、もしもその確実な道を選択することが本当に正しいならば、世の中にはもっとたくさんのイノベーションが生まれているはずだ。現実がそうなっていないということは、イノベーションを起こす人間には、何かしら渡らなければならない川があるのではないか。

ロジックではうまく説明できないのだが、いまでもそう思っている。

安全圏に身を置きながら、本気で何事かに取り組むことはできない。

起業をするためには、映画や小説の主人公が冒険に出るのを見るときのような、ワクワクする気持ちが必要だった、という気もする。だから自分が銀行を辞めるという選択をとったことについて、僕の周りにいた映像カメラマンや作家のような人々は、さほど違和感を持たなかったようで、「それでいいと思うよ」と言ってくれた。

むしろ銀行を辞めさえすれば、きっと神様が見ていて、「おお、こいつは本気じゃな。よし、そこまで真剣ならば応援してやろう」と天啓のごとく素晴らしいアイデアや人脈を与えてくれるに違いない、と密かに考えていた。

しかし――。当たり前だが、そんなことあるわけがない。辞める直前までは「これでようやくミドリムシの道に踏み出せる」とワクワクしていたのに、いざ辞めてみるとすぐに「やっぱり銀行に残っていたほうがよかったかも」と思うことになる。

その頃、ミドリムシをどうやってビジネス化するかについては、具体的なアイデアをまったく持ち合わせていなかった。ビジネスプランを考える前に、どうすれば大量にミドリムシが増やせるのか、培養する方法を見つけることが先決だったのだ。

ミドリムシを商業ベースに乗せるには、産業用途で使えるレベルでミドリムシを培養することが必須となる。それまで大学の研究室で培養できたのは、月産で耳かき1杯、1年で手のひら1杯というレベルだった。

実験で使う分にはそれでも十分な量だったが、そのままではビジネスなどできるわけがない。ダイヤモンドを生産して売ろうというわけではないのだ。

当時を思い返すと、「こんなに素晴らしいミドリムシのビジネスなのだから、デビューしさえすれば、みんなにチヤホヤされるに違いない。『待ってたよ、ミドリムシ！』ときっと大人気になる。いまは培養する技術がないだけで、それさえ成功すれば僕の未来はバラ色だ」と根拠もなく思い込んでいた。

現実的な問題は他にもいろいろあった。まずは何より研究するための金銭が必要だった。銀行を辞めたことで、当然、無収入になった。前述のように当時、僕は銀行の寮に住んでいたが、週の半分以上は鈴木の家で過ごしていた。ワンルームマンションに男二人で半同棲生活を送りながら、ミドリムシの大量培養がどうすれば成功できるかを、ああでもないこうでもないと考えていた。

しばらく無収入になってしまうことが確実ではあったが、そのことに対する怖さはあまりなかった。鈴木の家もあるし、とりあえず実家に帰れば、寝る場所とご飯はある。とにかくミドリムシの大量培養を一刻も早く実現すること、そればかり考えていた。

## 克服できない「弱さ」と丁稚奉公の日々

しかし実際に銀行を辞めて、実家に戻ってぼーっと過ごしてみたところで、アイデアが湧いてくるはずがない。4月からゴールデンウィークにかけての1か月ちょっとは、何をすればいいのかもさっぱりわからず、無為に時間を過ごしてしまった。

「辞めたのは無謀な行動だったのかも……」と思い始めたが、そうも言っていられない。とにかく、研究開発のために、お金を稼がなければならない。そもそも2015年にミドリムシを世に出すべく辞めたのであって、そのための仲間や資金、支援してくれる方のネットワークを作らねばならなかった。

そのためにはどんどん新たな人に会わなければならないし、鈴木が細々と一人東大でがんばってくれている研究も、全力で支えていかなければいけない。

そこでゴールデンウィークが明けてから、以前から知っていたベンチャーの経営者の何人かを訪ねることにした。「デスクを間借りさせてもらえませんか」とお願いするのと同時に、「週の半分は会社のお手伝いをします。残りの半分の時間で、自分の起業のテーマであるミドリムシ関係の事業を進めたり、大学に行ったりしたいのです」と相談した。すると、たいへんありがたいことに、二つの会社の社長がオーケーしてくれて、事業を手伝わせてもらうことになった。しかもちゃんと給料をいただける。これで当面の収入は確保できそうだった。

1社は大学のときに知り合った先輩が経営するIT関連の会社で、企業ホームページの制作を主な業務内容としていた。もう一つの会社は、東大の同期だった友人が経営する、理系に特化した人材を紹介する会社だった。

その二つの会社に席を置かせてもらったのは、当面のお金を稼ぐためでもあったが、ベンチャーの経営というものを少しでも近くで学びたいという思いもあった。自分は1年間、銀行でサラリーマンとしてビジネスを経験したが、会社の経営はまったくやったことがない。そこで両社の社長に、「ぜひ御社の経営を近くで学ばせていただけないか」とお願いしたのだ。

5月下旬には、その2社に自分の机を置かせてもらい、早速お手伝いを始めた。2社の事業のサポートに加えて、本業であるミドリムシのビジネス化の仕事も同時進行で進めなければならない。かなりの激務となったが、忙しく働くことは苦ではなかった。

そのときの心境としては、銀行を辞めた3月20日からゴールデンウィークまで無為にぼーっと過ごした1か月間を思えば、「働けるだけありがたい」という気持ちだった。

ちなみに僕は物事をイメージで記憶するタイプで、わりとはっきりといろんな出来事を記憶しているのだが、銀行を辞めてからの1か月の間については、なぜか映りの悪い白黒テレビのようなあいまいな記憶しかない。自分にとって不安ばかりのあまりにも無為な時間だったので、欠落してしまっているのかもしれない。以後の自分は、あのときのような無為な時間だけは過ごすまいと努力している。

それからの2年間は、知人の会社を手伝いながら、ミドリムシの培養の研究とミドリムシビジネスのスタートのための準備で、寝る暇もないような時間を過ごした。忙しいながらもやりがいのある毎日だったが、ただ一つ、夜行バスで移動することだけは辛かった。なぜ夜行バスに乗っていたかというと、東京から日本じゅうに散らばっている、地方の大学にいるミドリムシ研究の先生に会いに行くためだった。少しでも移動費と宿泊費を減らそうと思えば、夜行バス以外に移動の選択肢はない。僕と鈴木は、お互い仕事と研究を終えてから、毎週のように東京駅の長距離バス乗り場を夜の10時過ぎに出発し、日本全国の大学を訪ねて回った。

夜行バスもピンキリで、いまでは3列シートで隣には人がおらず、足も十分に伸ばせるタイプのものがあるが、当時僕と鈴木が乗っていたバスは4列で、隣の人と肩が触れ合うような狭さ。一晩乗っていると翌朝には体じゅうがきしむように痛くなることがしょっちゅうだった。寝ようとしても振動でなかなか眠りにつけず、ようやくウトウトしたと思ったら、車内の誰かの携帯電話のアラームが鳴り出して目が覚める、そんなことの繰り返しでちっとも休めなかった。

そうしてしばらくの間、先輩のベンチャーを手伝いながら、ミドリムシで起業するチャンスを窺っていたが、このときも僕は、すぐに会社を作ろうとはしなかった。その理由もやはり、怖かったからだ。常に社長になる人、社長として成功している人を尊敬しつつ、「自分は35歳でやる。それまでは準備期間だ」と逃げ続けていた。

すぐに創業しなかったのは、ミドリムシの培養の目処が立たなかったことや、事業資金のあてがないという現実的な理由もあった。でも本当は、自分の精神的な弱さが理由だ。僕が手伝っていた会社の社員はみな年齢が近く、1社の社長は同い年だった。自分と同じ年齢なのに、社長として人を雇って給料を支払っている。間近にそういう人が存在することが刺激になると同時に、「自分はどうしてできないんだ」という悔しい思いがいつもあった。中高時代に片寄に感じていたことを、そのまま繰り返していただけだった。結局銀行を辞めてからも、「35歳までに立つ」という自分への言い訳を続けていたのだ。

この頃はミドリムシの培養実験もなかなか成果が出ず、想定していたデータとかけ離れた数字が出る日々が続いた。

## 突如ひらめいたアイデア「カバン持ち」

そうやって働いていたある日、大学時代にお世話になった先輩で当時リクルートにいた高城幸司《たかぎこうじ》さん（現セレブレイン代表取締役）から電話があった。高城さんは僕が電話に出るなりこう尋ねてきた。

「出雲くん、なんで日本は、起業する若い人が少ないと思う？　君も銀行を辞めて、起業するんでしょ。なんで起業したいの？　何かきっかけがあってやってるんでしょ」

と、突然質問してきたのだ。その当時、鈴木の研究も予定していた半分ほどしか進んでいなかったために、外部の人には「ミドリムシを事業化したいと思っています」とは、あまり言えなくなっていた。

しかも、ビジネス化の目標である２０１５年までには12年もある。12年後のためにいま何をなすべきなのかが、よくわからなくなってきていた頃でもあった。それで先輩からされた質問にも「起業ってたいへんですよね……」と言葉を濁した。

それにしても、いったいどういうわけで自分にそんな質問の電話をしてきたのだろうか。不思議に思って、「なんでそんなことを僕に聞くんですか？」と聞いてみたところ、次のように頼まれてしまった。

「実は、どうにかして日本で起業家を増やせないか、と思ってるんだ。優秀な学生や若い人がもっとたくさん気軽に起業するようになれば、日本経済が活性化するし、リクルートのビジネスチャンスも増えると思ってね。出雲くんも自分の経験なんかをふまえて、どういうサポートがあれば起業しやすくなるのか、アイデアを出してくれないか？」

僕は高城さんのその言葉を聞いて、ふと自分の生い立ちについて考えた。

自分は、父親がサラリーマン、母親が専業主婦、二つ下の弟という典型的な東京の核家族世帯で育った。多摩ニュータウンに住む、絵に描いたような「ノーマルファミリー」だ。

そんな自分がいま、独立してベンチャーを起業しようとしているけれど、自営業の人の生活が実際にはどんなものなのか、さっぱりわからない。ましてや社長の生活となると、まったく想像もつかない。自分と同じように、新興住宅地のサラリーマン家庭に育った多くの若い人も、起業するということに対してリアリティを持てないのではないか。

そして同時に、20歳のときに訪れたシリコンバレーのベンチャー企業では、「シャドウイング」というメニューが若手の育成にあったことを思い出した。シャドウイングとは日本語に訳せば「影のようにマネする」という意味で、仕事ができる経営者にまるで影のようについて回って、その人の仕事のやり方や一日の過ごし方をそっくりそのまま自分のものにしてしまおう、という学習方法のことをいう。つまり伝統的な日本の言葉でいえば、「カバン持ち」だ。

ちょうどその頃、独立してはみたものの、自分自身、どうやってこれからベンチャー企業を経営していけばいいのか、五里霧中をさまよっているような感覚でいた。「アメリカのビジネスの現場で普通に行われているシャドウイングが、日本にもあればいいのになあ」とちょうど思っていたところだったのだ。

自分も銀行を辞めて、ミドリムシをテーマにベンチャーで起業しようとしている。しかし自分の知識だけではうまくいきそうにない。

「そうだ！　この機会に僕自身も、成功したベンチャー経営者のカバン持ちをすれば、道が拓けるんじゃないか……！」

そうひらめいて、高城さんに早速このアイデアを話した。

「起業家を目指す学生100人と、ベンチャー企業の社長100人を引きあわせてカバン持ちをさせれば、いずれその学生たちが学んだことを活かして100社のベンチャーを起こすんじゃないでしょうか？」

「それはいいねえ！　素晴らしいアイデアだ。ぜひやろう」
話は、とんとん拍子で決まっていった。

## ドリームゲートプロジェクトで知った、起業家の本音

その頃の日本ではちょうど経済活性化のために「中小企業挑戦支援法」という法律が新たに作られ、それまで1千万円の最低資本金が必要だった株式会社の設立が、1円からでもできるようになり、どんどんベンチャー企業を社会に生み出していこうという気運が高まっていた時期だった。

「カバン持ち企画」には経済産業省がバックアップにつくことも決まり、「ドリームゲートプロジェクト」の目玉企画の一つとなった。初めは僕自身がカバン持ちをしたかったのだが、そういうわけにもいかず、カバン持ちをしたい学生とカバン持ちをさせてもいい社長をマッチングさせる事務局の仕事を、お手伝いすることになった。

いま振り返ってみても、このプロジェクトを手伝わせてもらったことは、ものすごく勉強になったと思う。事務方として、学生と社長のミーティングに参加しているうちに、自

分もだんだんカバン持ちをしているような気分になっていったからだ。

カバン持ちをしたい学生は、僕が疑問に思っているのと同じようなことを、社長に質問する。それはたとえば、こんな質問だ。

「やっぱり経営者の人って、普通の人には気づかないビジネスチャンスが見えていて、それに他の人より早く着手したから成功できたんですよね。○○社長は、いまの事業がスタートするとき、どれくらいの期間で成功できると思っていたんですか？」

このような質問に対して、受け入れ側の社長のほとんどが、

「冗談じゃないよ。そんなことあるわけないじゃないか。そんなに先が見える方法があるなら、俺が知りたいよ」

と言うのだ。そしてまた全員が、同じような答えを返すのだった。

「会社をスタートするときにやろうと思っていたビジネスと、いま現在の会社がやっているビジネスは、全然違うんだよ。市場環境もどんどん変化するし、当初想定していたビジネスにこだわっていたら、いまのような状況には絶対なっていないだろうね」

それを聞いて、僕は少し安心することができた。「絶対にミドリムシのビジネスを成功

させる」と気負いすぎるのはよくない、と思ったのだ。成功者のほとんどは、最初の事業に確信があったわけではない。それでも事業を継続して、臨機応変に対応することで、現在のポジションを築くことができた。だったら僕も、いまミドリムシで成功できるという確信がなくても、事業をやる意味があるのではないか。そう思えるようになったのだ。

## 社長のタイプ——世代ごとに信念を支えるものは違う

また100人のベンチャー企業の社長、とひとくちに言っても、実にいろんなタイプの方がいることにも考えさせられた。

コンピュータのソフト開発やウェブ制作などIT系のベンチャー社長と、レストランなどの飲食事業や、中古車の売買など昔からあるビジネスを手がける社長では、やはり考え方も仕事のスタイルも大きく違っていた。とくにある程度年配の方で、日本のベンチャーの先駆者のような経営者の方々の中には、強いコンプレックスを抱えている人が多いように感じた。

彼らの信念を支えるのは、幼いときの貧乏だった辛さや、社会人になってから苦渋を味わった経験だったりする。そのときの悔しさが、「絶対に自分はビジネスを成功させるんだ」という揺るぎない経営への思いを支えていることが少なくなかった。

そういう人たちは、強烈な体験をしたがゆえに、ものすごくアグレッシブで、「努力すれば何でもできる」「できないのは根性が足りない」「稼げれば稼げるほど素晴らしい」という肉食的オーラを放っていた。

そういう経営者と接すると、「すごいなあ、自分とは全然タイプが違うな……」と感じた。僕自身は、特別なお金持ちではなかったけれど貧しくはない家庭環境に生まれ、学校や友人関係にも恵まれて、世の中に対して怒りや恨みを抱くようなことはなかった。

それには、時代的な影響もきっとあるに違いない。経営者も、僕と年齢が近くなるほど、世の中や社会に対する怒りや恨みはどんどん薄まり、共感できる人が多くなった。

若い世代の経営者には、「なぜ自分が成功したかはわからないけど、昔から人を喜ばせるのが好きだったんですよね」というような動機で起業する人が多かった。

ミドリムシという一般的には「なにそれ？」と思われるようなテーマで起業しようとしている自分にとって、自分と年が近い起業家の人が好きなことを追求することで成功できているのを見ることは、勇気づけられることだった。

僕自身、社長とお会いしたときには、できる限り聞きたいことを聞くようにしていた。ときには「お金持ちになりたくて起業したんですか？」などと相当失礼な質問をしたこともあった。すると逆に「出雲さんはお金が欲しいんですか？」と聞かれた。そう聞かれると、確かにお金はあれば嬉しいけれど、決してそれだけを目的に起業しようと思っているわけではない。そう答えると、若手の経営者の多くは、「そうでしょう。私だってお金だけじゃないんですよ」と話してくれた。

## 誰とも違う起業家、堀江さんとの出会い

ミドリムシ企業、ユーグレナを設立することになったのも、このカバン持ちプロジェクトが大きなきっかけを与えてくれた。

１００人の社長のカバン持ちをお手伝いする中で、先ほど言ったような「自分のやりたいことをガツガツ追求する肉食タイプ」「自分のやりたいことをコツコツ追求する草食タイプ」など、いろんな社長とおつきあいするようになった。しかし一人だけ、どの枠にも

入らない、まったく別次元の経営者がいた。

それが、元ライブドア社長、堀江貴文さんだ。堀江さんに初めて会ったのは、彼が「理系の人材紹介事業に興味がある」といって、自分が2年間カバン持ちプロジェクトと並行してお手伝いしていた会社とご縁ができたときのことだ。

堀江さんはその頃から、よくメディアにも登場するようになっていた。まだ「ヒルズ族」と呼ばれる前だったが、これまでの日本にはいなかったタイプの経営者として、ベンチャー業界では有名になりつつあった。

その堀江さんが、自分の手伝っている会社と提携しようと提案に来たのである。ビジネスの話し合いのあとで、会食の席が設けられた。

僕もなぜかその席に同席させてもらうことになり、堀江さんと、手伝っていた会社の社長たちとの話を横で聞いていたら、堀江さんが突然ロケットの話を始めた。いまでは堀江さんが宇宙開発のビジネスを手がけていることは広く知られているが、2004年初頭の当時は、まだどこのメディアにも報じられていなかったし、堀江さん自身も宇宙事業に関心があることを、公にはそれほど明かしていなかったと思う。

堀江さんは自身が考えている宇宙開発プランについて話したあとで、「君は何をやろうと思ってんの？」と僕に話を向けた。

僕はかなり緊張しながら、「実は、学名はユーグレナというんですが、ミドリムシを研究していまして、大量培養することで食料などのビジネス化ができないかと考えています」という感じで、自分が考えていることを簡単に説明した。

すると堀江さんは、「ふーん」と頷いて、すぐに「それって宇宙食にいいな」と発言した。

「植物と動物の栄養素が両方ユーグレナにあるんなら、人間はそれだけ食べてれば生活できるよね。宇宙探査では、ロケットや基地の居住空間に食べ物を置く場所がなくてけっこうたいへんなんだよ。でもミドリムシが培養できるようになったら、宇宙空間や他の惑星で、人間が生活できるようになるかもしれないな」と、堀江さんは続けた。

僕はその言葉を聞いて、とにかくびっくりした。文系出身の堀江さんが、一瞬でミドリムシの持つ可能性を理解し、宇宙探査利用について言及したのだ。

「堀江さんはご存知なかったかもしれませんが……」と、僕は日本の宇宙開発研究機関であるＪＡＸＡと、アメリカのＮＡＳＡが、ミドリムシをその目的で研究していることを説明した。実際に、ＪＡＸＡとＮＡＳＡは、外部から水や栄養素が入ってこない、「閉鎖系」と呼ばれる環境下で、どうすれば人類が長期に生存できるか、ミドリムシを宇宙空間で活用した新しい農業を研究していたのだ。

僕の話を聞いて、堀江さんはミドリムシに一気に興味を持って「面白いね。ビジネスになりそうだな」と言ってくれた。数日後にお会いしたときには、自分でもかなりミドリムシについて勉強をされたようで、さらに詳しくビジネスの可能性について話をしてくれた。

会ってお話しするたびに、僕は堀江さんの頭のよさに驚くことになった。堀江さんと会話していると、話がすごいスピードで先に進んでいく。会話も短く、断片的でとぎれとぎれ、場合によっては何だかしゃべることすら面倒くさそうなこともあった。

そのため後に世間から注目されたときには、多くの人から誤解され、批判されることになるのだが、一番の問題は堀江さんが「自分と他人は、同じくらい賢くて、同じくらいの理解力があるはずだから、これだけ話せばわかるでしょう」と考えていたことにあると思う。堀江さんは他人にも自分と同じ能力、同じ理解力があるという前提で会話をするが、僕にとってはあまりにシンプルであまりに短く、結論だけしか話してくれないので困ったことも多かった。とにかく頭の回転の速い、別次元の経営者だ。

その堀江さんが、ミドリムシには可能性があるという。

このチャンスを逃したくないな、と思うようになった。

ちなみに、堀江さんは理系人材の会社をM&Aするつもりでやってきたのだが、最終的にはその会社とライブドアとの合弁会社を作って、人材紹介のノウハウの提供をすることになった。僕は引き続きその合弁会社も手伝うことになった。

## 相次ぐ異常気象と、地球温暖化問題への関心の高まり

僕は2005年にユーグレナの創業に踏み切った。逃げ続けていた起業という道。そこへいよいよ踏み出すことを決意したのは、ライブドアからオフィスを間借りできること、資金を支援してもらえることが決まったからだ。当時のライブドアは、僕たちのような起業家への支援をたくさん行っていた。

地球温暖化問題への関心の高まりも、僕の決意を後押しした。

2004年と2005年の夏は、日本をたいへんな猛暑が襲った。場所によっては40度

を超える異常な高温の日々が続き、各地で多くの人が熱中症により救急車で搬送された。その前年の2003年はヨーロッパに大熱波が押し寄せ、お年寄りを中心に、フランスで1万4000人以上、ヨーロッパ全体で2万人以上の方が亡くなったことも大きなニュースとなっていた。

その人類の観測史上でも類を見ない高い気温を記録した気候の原因とされたのが、二酸化炭素の増加だった。人類はこの100年で、それ以前に比較して人口でいえば3・5倍以上に増え、さらに産業革命によって石油や石炭から大量のエネルギーを取り出して生活することが当たり前となった。石油を燃やせば当然、二酸化炭素が発生するため、空気中の二酸化炭素はこの100年で290ppmから380ppmへと激増している。

地球温暖化問題について、世界でも最も権威ある評価組織であるIPCCは、「90%の確率で20世紀に0・7%の気温上昇が起こっており、その原因の60%は、人類の二酸化炭素の大量の排出が起こしている」と発表した。

2005年には、二酸化炭素をはじめとする温室効果ガスを削減するために1997年にCOP3で採択された「京都議定書」がついに発効した。政府は各企業に対して、事業活動にともなう二酸化炭素の排出の削減を呼びかけた。「チーム・マイナス6%」という名のキャンペーンを政府主導で行い、著名人やタレントなどを起用し、テレビコマーシャルなどで「エコな暮らし」を国民にも呼びかけた。

現在の気候学の知見によれば、短期的で地域的な猛暑と、地球温暖化には、直接的で単純な因果関係は認められていない。ただこのときは、あまりにもタイミングが合いすぎていた。2005年という年は、温暖化という言葉を毎日のように新聞やテレビや雑誌で見聞きするほどで、「これ以上温暖化が進むと、この暑さがさらにひどくなるのか」とみんなが思い始めるようになった年だったのだ。

一方、僕と鈴木がビジネス化しようとしているミドリムシは、二酸化炭素を削減し、地球温暖化を食い止める切り札となることが、わかっていた。

なぜならば、ミドリムシの光合成は、他の植物よりも、圧倒的に高い効率を誇っていたからだ。ミドリムシは5億年前から光合成を続けてきた生物。現在の地球と、5億年前の地球では、大気の組成がまったく違う。現在の大気は、窒素が約80%、酸素が約20%、二酸化炭素は約0・4%となっている。ところが5億年前の地球は、現在の何百倍もの二酸化炭素濃度。当然そのような環境では、高等植物も動物も一切生存できない。しかしミドリムシは、他の藻類とともに水に溶けていた大量の$CO_2$をどんどん取り込み、酸素を放出していった。そうして数億年が経って、大気は現在の組成に近づいていき、少しずつ生物が地上に出ていくことが可能となったのだ。

いまも地球に生きるミドリムシは、基本的に体の構造が5億年前から進化していない。そのため、現在繁栄している高等植物が扱うことができない、非常に高濃度の二酸化炭素を、ミドリムシは光合成に活用することが可能だ。

現在、ユーグレナ社では、発電所から出てくる高濃度の二酸化炭素を光合成に活用する実証研究を進めている。これは、ミドリムシだからこそできることだ。発電所の排気ガスの二酸化炭素濃度は非常に高いため、通常の植物ではすぐに枯れて死んでしまう。しかしそのような環境でも、ミドリムシは生きていけるのである。

それまでずっと、２０１５年を目標に事業化を考えていたけれど、この２００５年の地球温暖化問題に対する世論の盛り上がりを見て、「これはいよいよ、ミドリムシの出番だぞ。急がないとまずいな」と思うようになったのだ。

自分の想定していた予定より10年早い。だが、このタイミングを逃すべきではない。そこまで考えた僕と鈴木は、夜行バスで大阪へと向かう。ミドリムシ研究を最も長い間続けていた、大阪府立大学の中野長久先生に、再びお会いするために。

## 「巨神兵」のイメージを振り払って——後戻りのできない決断

「先生、僕たちに、先生の研究を引き継がせていただけませんか。いまこのときほど、ミドリムシが世の中に必要とされている時代はありません。どうしてもやってみたいんです。いまやってできなかったら、自分たちも諦めます。予定より10年早いのですが、先生の研究者ネットワークと研究データを、すべて頂戴したいのです」

先生に会ってすぐに、そう言って僕たちはお願いした。

中野先生は少し考え込んだ後、「……わかった。私ができることは何でも協力しよう」と仰ってくださった。いよいよそのときから、本格的に僕と鈴木のミドリムシ培養プロジェクトがスタートすることになる。

しかし中野先生の全面的な協力を得られることが決まったものの、まだ不安な気持ちもあった。これまで２０１５年に焦点を合わせて研究も事業計画も考えてきたので、まだ何も準備が整っていなかった。そもそも培養のための設備がない。何よりユーグレナのビジネスのすべては、前にも述べた通り、「ミドリムシを大量培養できたら」という仮定の話を現実のものとすることが前提となる。僕と鈴木は、中野先生から釘を刺された。

「出雲くん、きみたちの取り組みが失敗したら、もうミドリムシは再起できないよ。きみたちの研究がダメだったら、もう日本でミドリムシ研究が復活することはないだろう」

先生の言葉を聞いて、僕の頭に浮かんだのは、宮崎駿氏のアニメ映画『風の谷のナウシカ』に出てくる「巨神兵」の姿だった。映画を観たことがある人はご存知だろうが、巨神兵はかつての超古代文明が創り出した、スーパーバイオ兵器だ。それ1体で一つの国を滅ぼしてしまうくらいのものすごい力を持っている。しかしナウシカの世界で復活した巨神兵は、その実戦投入が早すぎたために、完全体になることができず、どんどん腐敗していき、最後には壊死してしまう。

中野先生に相談した帰りの深夜バスで、僕は「もしかすると計画を急ぎすぎたことで、巨神兵のように、せっかく培養したミドリムシが世に認められないまま腐っていってしまうのではないか」というイメージを振り払うことができなかった。

僕と鈴木は、2015年に焦点を合わせて細々と準備をしていた。そのためミドリムシを培養するための設備もなければ、何より重要な培養技術もまったく目処が立っていない。それなのに、あちこちで「ミドリムシがいれば地球温暖化問題もすべて解決できますよ」と言い始めてしまっている。聞いた人はみんな「すごいね!」と言ってくれるが、あくまで「培養できたら」の話だ。

しかし中野先生とお会いして、すべてのデータの提供をお願いし「培養を成功させます」と約束した。このときから、僕と鈴木は「絶対にミドリムシの培養を成功させる」という後戻りできない決意をすることになった。しかし前途は相当に厳しいということは、その時点でわかっていた。

## サンシャイン計画がもたらしたもの

前にも述べたが、日本のミドリムシの培養研究には、長い歴史がある。その中心となったのが、1980年代から当時の通産省が中心となって進めた「サンシャイン計画」、およびこれを引き継いだ「ニューサンシャイン計画」の一環で行われたものだ。ミドリムシを大量培養することで、食料自給率の低い日本の緊急時の食料をすべてまかない、温暖化の原因となっている二酸化炭素もミドリムシに吸収させて削減し、さらにミドリムシから燃料を取り出して、日本の悲願である国産エネルギーを賄うという壮大な国家プロジェクトとしてスタートした。

そのプロジェクトで最も重要な、ミドリムシ培養の研究者の中心にいたのが、中野先生や大政先生だった。プロジェクトは20年近くかけて行われ、先生方もその間、ミドリムシを培養するために、ありとあらゆる方法を試した。しかし大きな成果を残せないまま、2000年に中止となる。

この国家的な計画の失敗により、日本の研究者たちは、みんなもうミドリムシに手を出したがらなくなっていた。そのためミドリムシの研究をしている若手の学者はほとんどいない、という状況だったのである。

僕と鈴木は、20年前に時計の針を戻して、かつて中野先生をはじめとする研究者が行った研究を繰り返すことからスタートするしかなかった。

中堅と若手の研究者がいないということは、その技術の進歩が、パタッと止まるどころか、後退していくことを意味する。ミドリムシの研究も止まったままだったことから、そのまま放っておけば蓄積されたデータが消えていってしまうところだった。

せっかく蓄積された知見が、研究者がいなくなることで失われるという事態は、何もミドリムシに限ったことではない。そもそも農学部自体が、「ダサい」というイメージで不人気だった時代が長く続き、研究者の「後継者問題」には頭を悩ませている。農学という国力を支え、また他国に比べても日本が優位性を持つ分野でも、研究者がいなくなれば、それまでの蓄積は簡単に失われてしまうのだ。

ただし、近年は「バイオ◯◯」という名称のおかげか、農学部の人気は戻りつつあるようだ。

## 中野先生の心意気

僕と鈴木の二人が現れたのは、ミドリムシの研究の火が消えかけていた、まさにそのときだった。

いま振り返ると、当時の中野先生としては「このまま研究が消えてしまうくらいなら、この二人にやらせてみて失敗しても同じことだ。それならば、協力してやろう」と思ってくれたのではないだろうか。

中野先生に頼み込んだ後、僕と鈴木は、先生からお名前を聞いた日本中のミドリムシの研究者たちを訪ねて回った。移動はもちろんお馴染みの夜行バスだ。北は北海道大学から、南は宮崎大学まで、文字通り日本じゅうの大学に足を運んだ。

もちろん最初から快く研究について教えてくれる先生ばかりではなかった。突然現れた僕と鈴木は、先生方にとって、忘れたい過去をほじくり返す招かれざる客だったはずだ。

それでも僕らが前に進めたのは、中野先生が、「せっかく若い二人がもう一度ユーグレナの研究をやって、私たちが過去にできなかったことをやろうとしてくれてるんだ。二人が訪ねていったら、ぜひ協力してやってくれないか」と、日本じゅうに散らばる100人近い先生方に連絡してくれたからだ。

後でこのことを知ったとき、僕はこみ上げるものをこらえることができなかった。

## 立ちふさがる新たなる壁「培養プール問題」

中野先生からの協力も得られ、堀江さんというスポンサーも見つかり、いよいよユーグレナをビジネス化するスタートラインに立つことになった。

お手伝いしていたＩＴ会社と理系の人材紹介会社の社長には、「自分のビジネスを始めることになりました」と話をして、これまでのお礼を言って休ませてもらうことにした。

こうしていよいよ、ミドリムシ事業にすべてを投入できる状態となったのだ。

次に待ち受けていた大きな問題は、「ミドリムシをどこで作るか」ということだった。

微生物の培養には、それ専用の設備が整った培養プールが必要になる。大きな会社では自社の工場に培養プールを持っているが、中小の製薬会社やサプリメントなどを作っている会社用に、プールを貸し出す専門の会社も存在する。僕たちのミドリムシも、どこかのプールを借りて培養実験を行わなければならなかった。

ミドリムシの培養には、光合成を十分させるために、年間を通じてたくさんの日光が必要となる。赤道に近ければ近いほど光量は上がる。そのため日本でミドリムシを作るとすれば、気温、水質、太陽光などありとあらゆる面で、沖縄の石垣島や宮古島などの赤道に近い島が最適だった。

だが培養プールを確保するのも、一筋縄ではいかなかった。

以前、中野先生がニューサンシャイン計画の終盤の時期に、石垣島や宮古島にあった工場のプールを視察したことがあったそうだ。それらのプールでは、主にミドリムシと同じく藻の仲間で、すでに機能性食品として幅広く使われているクロレラを作っていた。

環境もミドリムシの生育に適していると思われたので、中野先生は「通産省のプロジェクトでミドリムシの培養実験を行いたい。ついてはクロレラ用のプールを貸してくれないか」と頼んで回った。ところが中野先生の頼みを、どこの培養プールの持ち主も断ったというのである。

微生物の培養は、とてもデリケートだ。1種類の微生物を大切に培養しているところに、それを餌とする別の微生物が混入したら、一晩ですべて食い尽くされてしまう、ということもよくある。そのため培養プールの持ち主たちは、ミドリムシなどというわけのわからないものを自分のところで引き受けるリスクを嫌がったのだ。

しかし中野先生も引き下がらず、「日本のミドリムシ研究は、世界を救う可能性を秘めているんだ。何とか手伝ってくれないか」と、もう一度協力を頼んだのだが、それでもダメだったという過去があった。

僕たちも中野先生から、「私が何回頼んでも、どの会社も貸してくれなかった。ミドリムシのためにプールを貸してくれるところを探すのは、きっと苦労するぞ」と言われていた。しかし培養プールが借りられなければ、大学の実験室で、フラスコと試験管で耳かき数杯を培養している状況から脱皮することができない。

とにかくミドリムシの培養プールを見つけることが、第一の関門になった。

ドリームゲートプロジェクトの関係で中国の青島に出張したことが意外な展開を見せ始めたのは、そんな時期だった。

# 第4章
# テクノロジーと、それを継承するということ

## 仮想ライバル「クロレラの御曹司」福本との出会い

思いもよらぬ場所でヒントと出会う、というのは鈴木にミドリムシのことを教えてもらったときにすでに経験していたが、まさしくこのときもそうだった。

2004年7月の中国出張の主な目的地は上海だったが、青島にも一泊二日の弾丸ツアーで行く用事があった。日本の青年会議所と青島市政府、経済団体が共催する会議に、ドリームゲートの一員として日本のベンチャー企業の現状をよく知る実務担当者の意見を述べる、という機会を得たのだ。その会議の議題は、どうすればベンチャーが中国でもっと生まれるか、また青島に日本のベンチャーを誘致するにはどういう条件が必要か、3日間かけて話し合う、というものだった。会場へ向かう道路が混んでおり、到着したときにはすでに会議が始まっていた。

僕は当時、24歳。その場では最年少だったが、ドリームゲートの代表者としてそこに参加していたこと、青島で意見を述べる機会なんてこの先ないであろうことを思い、自分の考えを、遠慮なく言わせてもらうことにした。

「ITのインフラがきちんと整備されてないと日本企業は誘致できませんよ」「日本では経営者のカバン持ちを学生にさせるプロジェクトを運営しています。中国でもやってみてはどうでしょう」などと生意気にも提言させてもらった。

レセプションの後、夜になってから日本からの参加者と中国側のホストが集まって、会食が行われた。その席上、隣に座った、年は僕よりもいくつか上と思われる日本人の男性が、話しかけてきた。

「あなた、今日の会議でずいぶん積極的に発言されてましたね。まだお若そうなのにすごいと思いました。いったいおいくつなんですか？」

「24歳です」と答えると、相手は「ええ！」とびっくりしていた。

「36歳ぐらいだと思っていました。僕より年下とは驚いた」と言う。

実はこのとき彼は、「会議には遅れてくるし、そのくせ態度はでかいし、なんて偉そうな奴なんだ。二度と会いたくない」と思っていたが、席が隣だったので「仕方なく話しかけてみた」のだそうだ。彼の名前は福本《ふくもと》拓元《たくゆき》。彼は一週間ほどの予定で青島にやってきていて、日本企業と中国側のパイプ役を務めていた。

福本拓元。僕より4歳年長の、天才的な営業センスを持つ男。ただし、初対面での僕の印象は最悪だったようだ。

福本と名刺交換すると、名刺に事業内容として「クロレラの販売」と書いてある。聞けば彼の実家はクロレラの健康食品の販売会社を営んでいるそうで、彼自身、その会社の専務取締役であるという。中国へはクロレラの工場を建設するかどうかの視察で、親の代わりに訪れていた。

話しているうちに、彼は愛媛県の青年会議所のホープで、この青島のレセプションもまだ28歳の彼が実質的に企画して、運営をとりしきっていることがわかってきた。将来的には親の会社を引き継ぐことも決まっており、愛媛県の若手経営者の中でもかなり注目の人物であるようだった。

しかも彼の会社で扱っているのは、クロレラだという。クロレラは淡水の中に住む微細藻類で、ミドリムシと同じように光合成で栄養素を作り出す。大量培養にはずいぶん前に成功しており、加工した健康食品もメジャーで、あちこちのメーカーが売り出している。

「クロレラのプールが中国で作れないか見にきたんです」と言う福本の話を聞いているうちに、だんだん「負けてられるか」という気分になってきた。

そして思わず、「なんとクロレラですか。うーん、それはかわいそうですねえ。僕がミドリムシの培養に成功したら、クロレラなんて一瞬でなくなってしまいますよ」と口に出してしまった。そうは言ってもこの時点では、ミドリムシの培養の目処はまったく立っていない。恐らくこのときの自分は、経営者としての福本と自分とのあまりの境遇の違いや、ミドリムシ事業の先の見えなさの不安の裏返しで、攻撃的になってしまったのだ。

福本は、むっとした表情で僕の話を聞いていた。

クロレラはすごくよい食品ではあるが、あくまで植物だ。当然ながら、動物の栄養素を持っていないため、栄養価ではミドリムシに劣る。それはクロレラが悪いというわけではない。それを言ってしまったら、レモンだってニンジンだって、植物の栄養素しか入っていない。ミドリムシはその両方の栄養素を持っていてミラクル食品になる可能性がある、というだけの話でしかないのだ。

しかし僕の口からは、つよがりのような言葉しか出てこなかった。

「ミドリムシをサプリメントとして気軽に取れるようになれば、クロレラの市場におけるポジションは一夜にして変わってしまいますよ」

僕は福本にそう言って、次の日の朝、日本に戻った。

## 千載一遇のチャンス到来

出張から戻ってきて二週間ほど経ったある日、僕の携帯に電話があった。

「先日、青島で会った福本です。仕事で東京に行くので一度会えませんか」

福本は月に1回ほど東京に出張に来ていた。彼の会社は愛媛にあり、中国にも愛媛から行っていたのだが、販売の営業のために頻繁に東京を訪れていた。

こちらとしては、断る理由もない。青島で妙に攻撃的な発言をしたことについて反省していたこともあり、東京で会って食事を一緒にすることにした。

その当時の僕と鈴木は、すでに「培養プールをどこに作ろうか」ということでずっと頭を悩ませていた。クロレラの培養にも、当然プールが必要だ。そこで食事も一段落した頃合いを見計らって、「あなたの会社のクロレラは、どこの培養プールを使っているんですか」と福本に尋ねてみた。

「僕の会社は、親の代からずっと、石垣島にあるプールを使ってます」と福本は言った。

——おお、これはもしかすると、天の配剤というものではないか?

僕はそう思わずにはいられなかった。中野先生が何度も断られたという石垣島のプールを、二代にわたって使っている会社の取締役が目の前にいる。先生方のためにも、この機会を逃す手はないんじゃないか。そう考えて、

「よかったら、僕も一度、その石垣島のプールに連れて行ってもらえませんか?」と思い切って頼んでみた。すると福本は「いいですよ、じゃあ近いうちにご一緒しましょう」と快諾してくれた。

数週間後、福本から再び電話があり、「先方にアポイントがとれました」と言う。どうやら福本も、その間にミドリムシについていろいろと調べた様子だった。彼も機能性食品

の業界で働く人間だから、いまは「培養不可能」といわれているミドリムシでも、万が一これから世に出てくることになったら、クロレラと競合する新しい食品になると思ったのだろう、とそのときは考えていた。

だがこのときのことを後に福本に聞くと、

「最初の印象が最悪だったので、『この人とつきあうことはないだろうな』と思いました。でも、話しているうちに、出雲に興味が湧いてきたんですよ。僕より4つも年齢が下なのに、大学のときからビジネスプランコンテストを開き、スタンフォードから人を呼んでいる。しかも東大卒。それで最後に『夢はなんですか』と聞いたら、真顔で『30歳までに宇宙に行くことです、そのときの食事はミドリムシです』と答えた。『この人は、自分がこれまでに会ったことがある人々とは、明らかに異質だな』と思ったんですよね」

と教えてくれた。

## プールを求めて——八重山殖産の偉大なる決断

我々が向かったのは、石垣島の八重山殖産という会社だ。クロレラの培養において多く

石垣島。ユーグレナのもう一つのホームグラウンドといっても過言ではない。

の実績があり、保有する複数の培養プールで生産するクロレラを、福本の会社の他にも商社や製薬会社など、多くの会社に販売していた。

福本は八重山殖産の社長を紹介してくれた。ちょうど僕たちが訪ねる直前に代替わりされたらしく、お会いしたのは、工場長から社長に就任されて間もない志喜屋《しきや》安正《あんせい》さんという方だった。

僕は志喜屋さんに「世界を変えるためにミドリムシの培養をしたいんです。ぜひプールを貸してくれませんか」と頼んだ。

社長さんは「福本さんのご紹介ということなので、ぜひ検討させてください」とのことだったが、社長に就任されてすぐだったこと、うまくいっているクロレラのプールのそばでミドリムシを培養することで、クロレラに悪影響があるのではないか、といった懸念があったこともあり、その場ではオーケーの返事はいただけなかった。

その後何度も、僕は石垣島を訪ね、「世界を救うにはミドリムシしかないんです」「ミドリムシの培養を一緒にやりましょう」と繰り返し繰り返し伝えた。

石垣島は遠い。何より痛いのが飛行機代だった。羽田から沖縄に飛び、そこからさらに飛行機を乗り換えて1時間。基本的に訪れるのはリゾート目的の人ばかりなので、チケットも普通の路線よりも割高だった。どうにかして安く行ける方法がないか、あれこれ検討したが、他の手段はなく、泣く泣く高いチケットを購入して何度も乗った。月1回ペースで足を運んでいたので、この時期の僕の稼ぎのほとんど全額が、石垣島への飛行機代に消えていたと言って間違いない。

我々の熱意に根負けしたという感じもあったが、そのうち志喜屋さんもだんだんミドリムシの培養に前向きになっていき、石垣島訪問が10回に迫ろうかという頃、ついにオーケーの返事をもらうことができた。

「出雲さん、ミドリムシ、やりましょう」

僕は鈴木にすぐ連絡をとり、「やったぞ。プールを確保できた。これでミドリムシを培養するだけだ。あとは頼んだぞ」と伝えた。鈴木は、「わかりました」と静かに答えた。

この志喜屋さんの決断には、いまも何とお礼を言っていいのかわからない。当時の僕らが示せるものは、ミドリムシのポテンシャルと熱意しかなかった。限られた数しかない培養プールをベンチャーに貸し出すということは、本来ならクロレラで安定した収益をあげられる可能性を閉ざすということだ。それどころか、志喜屋さんはしばらくの間、僕たちに無料で培養プールを貸してくれたのだ。

普通プールを借りるには、研究費として月に決まったお金を施設に払わなければならない。プールの管理や保守点検には当然人の手が要るし、管理には機材のメンテナンスや電気代などのコストがかかる。

だがお金のない僕たちは、八重山殖産に対して、「培養に成功したら収穫した量に応じたお金を払います。それまではミドリムシの可能性に賭けて、無料で使わせてもらえませんか」という、たいへん非常識なお願いをしたのだ。八重山殖産にとっては、コストがすべて持ち出しでかかるだけではなく、僕たちがミドリムシの生産に失敗したら一円も戻ってこないというたいへんリスキーな提案だ。普通の経営者だったら、100人中100人が断るだろう。

それなのに、志喜屋さんは「わかりました。ミドリムシのためにプールを用意しましょう」と言ってくれた。成功するかどうかわからない研究のために、大きなリスクをとってくれた志喜屋さんと八重山殖産の方々は、ユーグレナの産みの親といっても過言ではない。

## 3人めの仲間——自分とはまったく違うからこそ、絶対に巻き込みたい

2005年夏には、鈴木の研究室での実験も、ようやくいい結果が出始めていた。試験管とフラスコでの培養から、大規模なプールでの培養実験に切り替えて、本当に大量培養が可能なのか、検証する段階にまできたのだった。

培養プールを借りるための契約は、個人で交わすことはできない。そのため会社としての体裁を整える必要があった。よく「培養に成功したから、会社を作ったんですよね」と聞かれるのだが、それは順番が逆。先生方から受け継いだデータのおかげで実験は順調に

進んでいたのだが、この時点ではまだまだ時間がかかりそうだった。プールを借りられたからといって、うまくいく保証なんてなかったのだ。

つまり、培養できる見込みもまったくないままユーグレナという会社は誕生したことになる。プールを借りる契約のために会社が必要だったから、創業したのだ。それは、2005年8月9日のことだった。

会社を作るには、登記簿に役員の名前を3人書かなければならない。僕と鈴木の二人は当然として、あと一人必要だ。誰になってもらおうかと考えてすぐ、「福本さんに入ってもらおう」と思いついた。福本は自分の会社でクロレラのサプリメントを営業した経験がある。将来ミドリムシの機能性食品を開発したときには、貴重な戦力になってくれるはずだ。

それだけではない。福本と会って話すたびに、どんどん彼の魅力に引き込まれるのを感じていた。愛媛の新居浜市育ちの彼は、若い頃は相当やんちゃをしていたらしい。中学時代、廊下で教師とすれ違うたびに殴られたという「逸話」を聞いて、「日本にそんな中学があるのか」と驚いた。それでいて福本の人当たりはとてもいいし、話していて面白い。

自分がこれまでの人生で、駒場東邦や東大で出会ってきた友だちとは、まったく違うタイプのお祭り男だった。

また福本は実家の会社に入社する際も、「親の七光り」で入ったと思われることを嫌い、最初は一兵卒の契約社員で入社したという。そして営業で結果を出しまくり、並みいる先輩社員に「あいつはすごい」と認めさせてから初めて素性を明かし、取締役になったというど根性の持ち主だった。後にユーグレナのサプリメントを飛び込み営業で販売しなければならなくなったとき、僕は彼のすごさを本当の意味で思い知ることになる。

鈴木とはまた違うタイプの天才。知れば知るほど、こいつにはかなわない、と思わせられる圧倒的な「人に入り込む力」。僕はすっかり福本のことが好きになっていた。

さらにいえば、いざ会社を作るにあたって、僕と鈴木の二人ではどうもちょっと「弱い感じ」がしていた。事業を継続する中では、福本のようなたくましい人間の力が必要な局面もきっと出てくるだろう。

「ぜひ仲間に引き込みたい」

そう思ってはみたものの、福本は将来を嘱望される会社の跡取り息子。以前から「会社を立ち上げるときには、福本さんにも手伝ってもらいたいと考えていますから、よろしくお願いしますね」とは伝えてあったが、いきなり「新会社の役員になってくれないか」と頼んで、簡単に引き受けてくれるかどうかはわからない。

そこで僕は勝負に出た。本人の意向を聞く前に、会社の創業企画書の役員の欄に、福本の名前を入れて印刷したのだ。できあがった企画書を福本に見せて、

「もう名前入ってます。これで刷っちゃいました」と伝えたところ、

「……それじゃあ、しょうがないですね」と、僕の強引さに負けて、ユーグレナの役員になることを了承してくれた。

福本はこのとき、正直にいえば、「はあ?」と思ったらしい。それも当然だろう。まったく本人に確認することなく勝手に役員にされた、といきなり聞かされたのだから。それに加えて僕は、株主の欄に福本の母親が経営する会社の名前まで書き込んでいた。その会社にも出資してもらおうと考えたのだ。「なんで勝手に話を進めるんですか」と福本に激怒されても仕方がないと思っていた。ただ、それぐらい彼に加わってほしかった。

しかしこの僕の身勝手な行動に対して福本は「この空気の読まなさは、常人ではない」

と思ったそうだ。そして「こういう無茶なところがないと、『地球を救う』なんてことを恥ずかしげもなく言えないよな。この人と一緒なら、何か面白いことができるかもしれない」と感じたのだという。

福本は学生時代、アメリカの大学で音楽を学んでいた。そして、「いつかミュージシャンを自分でプロデュースして、ビジネスをやってみたい」と思っていたそうだ。どうやら彼にとっては僕が、ミュージシャンに代わる、面白そうなプロデュースの対象に思えたのかもしれない。

福本は入社にあたって、親の許しを得るために、松山に戻った。「出雲の会社の役員になりたい」とクロレラを販売する会社の経営者である母親に伝えたところ、「勝手に人の名前を役員に書くなんて、礼儀がなってない」と怒られ、最初は反対されたそうだ。

しかし福本が熱心にミドリムシの可能性を伝えてくれて、「経営者としての勉強にもなるし、彼の会社は将来、化ける可能性がある。そうなったら、出資してくれた母さんにも恩返しができるよ」と説得してくれたという。福本の母は、「ユーグレナと自分の会社のどちらの仕事も手を抜かずにやりぬくこと」を条件に、福本の入社を認めてくれた。

入社後の福本には、「ミドリムシの事業化」という非常に重要な仕事を託すことになった。彼が持っているクロレラの製造販売のノウハウを活かして、ミドリムシ原料の機能性食品を作り、それを全国の小売店や個人へ販売していきたいと考えていた。ベンチャー企業を起こしながら、「モノを売る」というビジネスの基本中の基本を、僕も鈴木もまったくやったことがなかった。それだけに福本の加入は、たいへん心強かった。

## 株式会社ユーグレナ、誕生――最初の一歩は六本木ヒルズから

こうして僕と鈴木と福本、そしてライブドアと福本の実家の会社などがそれぞれお金を出し合い、1000万円の資本金でユーグレナは誕生した。石垣島のプールも、無事契約できた。

会社の場所も、当時六本木ヒルズの38階にあった堀江さんが経営するライブドアのオフィスの片隅を借りられることになった。自分たちが持ち込んだパソコン以外のものは、机も椅子も、コピー機や電話も、そして会議室もタダで借りることができた。事務と営業の

社員も数名雇った。2005年8月、こうして会社としての体裁を整えることができた。

当時のライブドアは、堀江さんが買収したさまざまな会社が、続々と入居していた。通販事業の会社もあれば、会計ソフトの「弥生会計」を扱う会社や、ゴルフの道具を扱う会社もある。我々もその中のちょっと風変わりなベンチャーの1社という位置づけだった。

会社に流れる空気も、学生時代に短期留学したときに訪れた西海岸のヤフーなどのベンチャーと同じ。会社の中では一日じゅう音楽が流れ、机の上に妙な風船があったり、社員の机にアニメのフィギュアが所狭しと並んでいたり。パーテーションもないのでいろんな人がわいわいと一つのフロアにひしめき、しょっちゅう新しい人が引っ越してきては、入れ替わっていた。一年間だけ働いていた東京三菱銀行は、完全に「東海岸的」な文化だったので、流れる雰囲気の違いが面白かった。

ただライブドアや他社の社員からすると、IT関係の仕事をする人がほとんどの中で、「ミドリムシが……」などと会話する我々は明らかに浮いた存在だったと思う。格好も白衣こそ着ていなかったが、スーツの人間はおらず、みなぼろぼろの格好をしていた（その点では周りの会社の社員も同じようなものだったが）。

また同時に、東京大学の博士課程に籍をおいていた鈴木の研究室でも、アンオフィシャルな形ではあったが、ミドリムシの研究スペースを確保することができた。本物の学生に「ここ、僕の机なんですけど……」と言われないように、しれーっと「私、前からここにいましたよ」という顔をしてそこに僕の机を置かせてもらっていた。

## ミドリムシ培養の難しさに直面――防ぎきれない汚染

そこから5か月間のライブドアでの間借り生活はとても楽しかったが、自分と鈴木は六本木ヒルズのオフィスに顔を出すより、石垣島にいることのほうが多かった。培養プールに通い詰め、研究を進めていたのである。相変わらず飛行機代の捻出には苦労したが、自分がリーダーとなり、目標に向かって仲間を巻き込んで邁進《まいしん》していくことに、やりがいを感じた。

石垣島では、全国のミドリムシの研究者の先生方からいただいた過去の研究データをひたすら検証していった。これまでミドリムシの大量培養に成功した人は、世界に誰一人いない。しかしその失敗には、必ず原因と理由がある。その原因を一つずつ割り出し、残ら

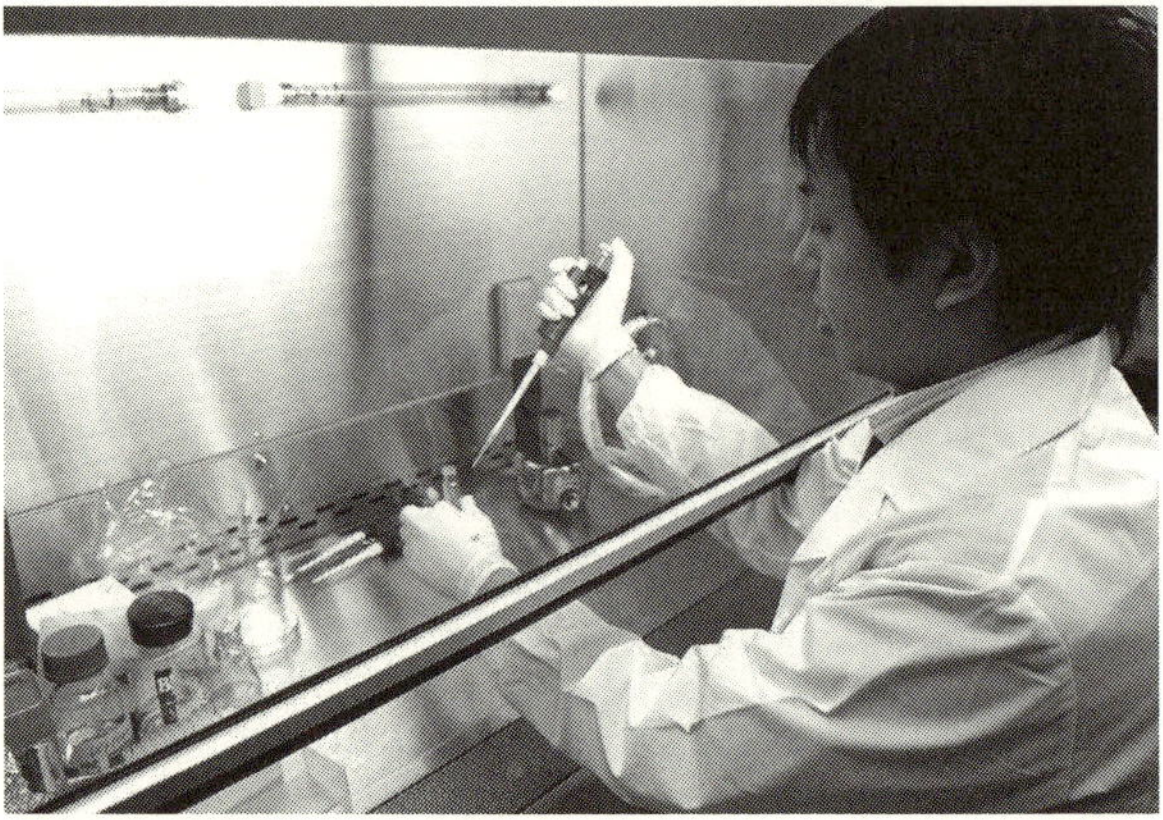
実験室での培養実験の様子。失敗の連続だった。

ずつぶしていけば、いつか必ずミドリムシの培養は成功するはずだ。そう考えると、どの先生の研究も、かつて行われたどの実験の結果も、すべて疎《おろそ》かにすることはできない。

鈴木はプールが借りられることになってから、石垣島に安いアパートを借りてずっと泊まり込み、すべてのデータの検証作業を、担当してくれた八重山殖産の石垣さんや他の方々とともに繰り返し行っていた。

ミドリムシ培養の難しさは、先にも述べたが、「生物的汚染」を防ぐことが極めて難しいことが大きな理由だった。

ミドリムシは食物連鎖の中で一番下に位置する。つまり、ミドリムシ自体は他の微生物や藻類を捕食しない。光合成で細胞分裂し、自分たちを増やしていく。そのミドリムシを別の微生物が食べることで、食物連鎖のピラミッドが積み上がっていく。つまりありとあらゆる地球上の生物が、もとを辿ればミドリムシや微生物を食べることで生命活動を行っているのだ。

そのためこれまでのミドリムシを培養する研究のアプローチは、「どうすればミドリムシを食べてしまう外敵から、ミドリムシを守るか」ということをテーマにしていた。そのために大規模なクリーンルームを作り、ほとんど無菌のところで、どうにかしてミドリムシのみを純粋に培養しようと試みていた。それが今までの研究の方針だった。

しかしそのアプローチを取る限り、必ず大きな壁にぶち当たってしまう。培養の途上で1匹でもミドリムシの天敵であるバクテリアや昆虫がプールに入ってきてしまったらどうなるか。その生物にとっては、自分を捕食する外敵が一切いない環境で大好物のミドリムシを食べ放題、という状況になるのである。そのため一夜にしてミドリムシが全滅し、本来はきれいな緑色の培養液が、そのバクテリアが持つ色――真っ赤であったり黄色であったり――にあっという間に染まってしまう、という事態が繰り返し起こっていた。

そうならないように「もっときれいな環境にしよう」「クリーンルームを二重、三重にしよう」というアプローチをとっても、生物汚染をゼロにすることはできなかった。だからミドリムシの培養は、手詰まりになってしまっていたのだ。

## カギは「蚊取り線香」——ついに大量培養に成功

鈴木と僕たちは、その先輩たちの研究の結果を受けて、逆のアプローチをとることにした。

例えていえばこういうことだ。

夏の夜、寝ようとするとき、蚊に刺されたくないならばどうするか。それには二つの方法がある。一つは、部屋に「蚊帳」をつるして、その中に入って寝る。蚊が1匹でも入ってきたら、血を吸われ放題になってしまうので、蚊帳を二重、三重にする、という考え方である。しかしそれでも、人が出入りするときに蚊帳の隙間から入ってくる蚊の侵入を防ぎきることはできない。

我々はそうではなくて、「蚊取り線香」を焚くことにした。部屋の中で蚊取り線香を焚けば、血を吸う蚊の侵入を阻止することができる。そこで寝る人は、多少の煙さと臭さを感じるが、健康には影響がない。

それと同じように、ミドリムシにはほとんど何も影響を与えないが、ミドリムシ以外の生き物は侵入できないような培養液を人為的に作り出すことができれば、別にクリーンルームでなくても問題がないんじゃないか。そうすれば、屋外で大量に培養することが可能になる。当然、高価な投資の費用もかからないから、安く大量にミドリムシを増やすことができる。

「ミドリムシを天敵から守る環境をセッティングする」という発想から、「ミドリムシ以外は生きられない環境をセッティングする」という発想への切り替え。これが鈴木と僕が生み出したミドリムシ培養の切り札となるアイデアだった。

鈴木はデータの検証と並行して、その環境を石垣島のプールで実現するために、温度や成分が異なる何百というパターンの培養液の研究・実験を繰り返していた。

そして、２００５年12月16日。

夕方の16時頃、六本木ヒルズのライブドアの会議室を借りて、福本たちと今後の会社の運営などについて話し合っていたときに、1本の電話があった。鈴木からだった。

「出雲さん。やりました。プールが、ミドリムシでいっぱいになりました」

「本当か！」

「はい。いまも順調に増え続けています。培養に成功したといって、間違いありません。これからミドリムシを『収穫』します」

鈴木はこのとき、乾燥した状態で66キログラムのミドリムシを収穫した。2004年から2005年までは、1リットルのフラスコから1グラムのミドリムシが取れるレベルだったのが、比較にならないほどの量が取れるようになったのだ。

ちょっと早めだったが、これほど嬉しいクリスマスプレゼントはなかった。それまで僕も「いつかは培養に成功できるだろう」と思っていたが、「いつまでにできる」という確信があったわけではなかった。だから鈴木から報せを聞いたときには、天にも昇るような嬉しさだった。技術的な目処がついたことで、ミドリムシを事業化する道がようやく拓ける。この日、僕の中で初めて確信が芽生えた。

中野長久先生と著者。僕らにすべてを託してくれたことには、いまも感謝の言葉しかない。

## すべての先人に感謝を
### ――技術を継承するということ

このとき鈴木は、僕以外に中野先生に電話をしたという。だがそれは、僕たちが成功しました、と報告するためではない。まず最初に先生たちに、「お礼」を伝えるためだった。培養に成功したのは、中野先生をはじめとする、これまで何十年もミドリムシを研究してきた先生方のおかげといってよかった。なぜなら彼らは、僕らよりもはるかにミドリムシに対する世間の理解がない時代に、ずっと研究を続けてきたからだ。地球温暖化と$CO_2$という問題意識が生まれ、バイオ燃料が求められるいまという時代だからこそ、これだけミドリムシに注目が集まったのだし、僕たちの研究アイデアも、先行する先生たちが積み上げてきた研究に、最後のひと押しをしたに過ぎない。培養に成功したいまになってわかったことだが、先生方の研究はすでに「9合目」まできていたのだ。

だから、ミドリムシの培養に成功したからといって、いつも僕らだけにスポットライトが当たるのは、事実と違うということを、声を大にして言っておきたい。ミドリムシの培養成功は、まさしく日本じゅうのミドリムシ研究者たちが総力をあげて、何十年も続けてきた結果だった。僕たちは、例えるなら駅伝の最後のランナーで、必死で先頭を走り続けてきた先輩たちからバトンを受け取って、ゴールテープを切る栄光を与えてもらっただけなのだ。

そして、ほとんど先生方の成果であるにもかかわらず、

「きみたちの研究で成功したんだ。おめでとう」

と言ってくださった中野先生には、感謝してもしきれない。

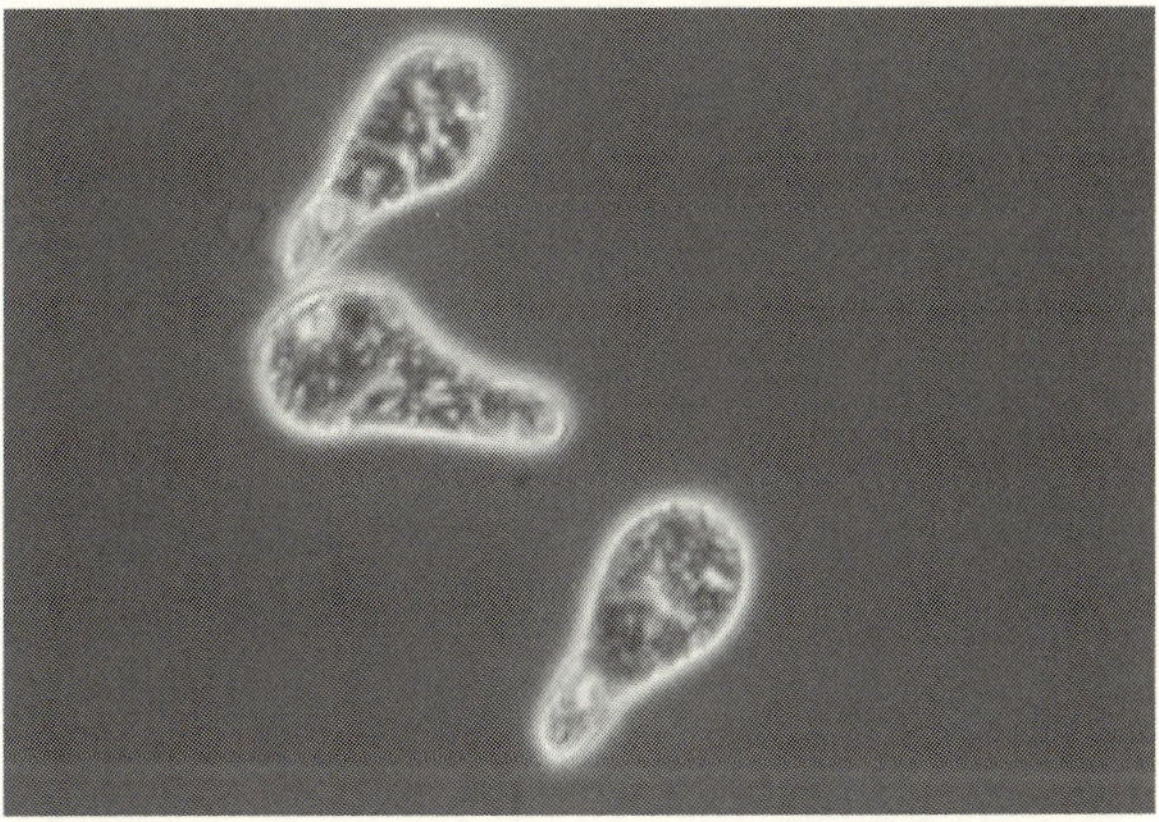

暗闇で光るミドリムシ（アイザック先生にもらった動画より）。僕の宝物の一つだ。

## NASAの権威、アイザック先生にもらった「宝物」

僕たちが培養に成功したことを発表しても、世界の学会は当初、よくて冷ややかな反応、ほとんどが無反応だった。

しかし1年くらい経つうちに、「どうやら本当に日本のベンチャーが成功したらしい」という噂が広まっていったようだ。

２００７年、僕は、当時のユーグレナ研究において世界の最高権威だったアイザック・バージンというＮＡＳＡの有人宇宙探査計画の責任者の教授と、アメリカで面談することができた。そのとき僕は、「お土産」として、スーパーで売っている小麦粉ぐらいの量のミドリムシの粉末を持参した。それまでミドリムシといえば、1か月かけて、耳かき1杯レベルの量を収穫するのがやっと、というのが常識。僕たちが渡したミドリムシの量には、アイザック先生も「こんなにできたのか！」と驚いた様子だった。

アイザック先生は、「君たちのミドリムシ研究の成果に敬意を表して、プレゼントをしたい」と、1枚のDVDをくれた。それはNASAがマサチューセッツ工科大学にある特別な装置で撮影した、暗闇でミドリムシが発光しながらきれいに動く動画だった。アイザック先生は、その動画を、著作権込みで僕たちにプレゼントしてくれたのだ。

5億年前から変わらぬ姿形で生き続け、神秘的な光を放ちながら震えるミドリムシが映るその動画は、いまも僕の宝物の一つだ。

第5章

# 試練と、伝える努力で それを乗り越えるということ

## 2005年12月16日——最高の年末

2005年の12月16日、ついにミドリムシの大量培養に成功。ユーグレナのオフィスは「さあ、これでいけるぞ」と、ようやくスタートラインに立てた喜びにあふれていた。

鈴木とも電話で喜び合い、僕も大阪府立大学の中野長久先生にお礼の電話をかけた。

「先生方のおかげで、ユーグレナの屋外大量培養に、ついに成功しました。あとは事業化していくだけです」

そう伝えると先生は、「わたしはあと10年はかかるだろうと思っていた。ようやってくれた」と、たいへん喜んでくれた。

「先生、これでミドリムシがいよいよ世界にデビューしますよ。絶対、大人気になります。お客さんが殺到して、すごいことになりますよ」

そんな話をしながら、これで先生に恩返しできる、と決意を新たにしたのだった。

その年の年末年始は、嬉しい気持ちでいっぱいで、最高の時間を過ごした。振り返ってみても、あれほど幸福なクリスマスと年末とお正月を過ごしたことはない。その間、嬉しすぎてずっと意味なくニヤニヤしていたため、家族に心配されてしまったほどだ。

年が明けて1月2日には、もう居ても立ってもいられなくなり、間借りしていたライブドアのオフィスへ向かった。

ライブドアの社員は若い人が多く、みんな平日は夜遅くまで、土日も出勤する人が多かったが、さすがに正月二日目に出社して働いている人はほとんどいなかった。

「最高のミドリムシ元年が始まるぞ」

2006年1月2日の僕は、誰もいないオフィスでがむしゃらに働きながら、そんな予感に包まれていた。

その年の年末年始は、ライブドアもまさに最高の状況にあった。次々に会社を買収し、従業員もすさまじい勢いで増えて、あらゆるメディアにライブドアと堀江さんの名前が躍っていた。

ミドリムシの培養成功を堀江さんに伝えると、「そうか、よかったね」と淡々と喜んでくれた。

僕はテレビを見る習慣がなかったため、自分の目では見たことがなかったのだが、ちょうどその頃、買収したばかりの中古自動車を売買するライブドアオートのコマーシャルには、堀江さんが自ら出演していた。

「回転回転回転回転……ライブドアオート」と言いながらくるくる回っている堀江さんの姿が、年末年始の日本じゅうの家庭のテレビに繰り返し放映されていたそうだ。

ミドリムシの培養が成功したことでみな張り切っていて、これからすごい勢いでビジネスが始まるぞ、とワクワクする気持ちでいっぱいだった。

## 2006年1月16日——強制捜査

だが運命の神は、僕たちにそんなに楽な道を歩ませる気はなかったようだ。

1月16日。

六本木ヒルズのライブドアオフィスに、東京地検特捜部の強制捜査が入った。

その日、僕は大阪に出張していて、帰ってきたばかりだった。オフィスに入ろうとすると、ライブドアの受付のところで捜査員の一人に「もう入れないよ」と押しとどめられた。

「君は社員さん？」

「いえ、間借りしている会社のものなんですが」

「ダメダメ。捜査が終わるまでは誰も入れないよ」と交渉の余地もない。

結局会社には入れず、何十台も並ぶマスコミのカメラ、けたたましくマイクに向かって話す何人ものレポーター、それを眺める数百人の野次馬たちが、ヒルズのエントランスを囲んでいるのを見るともなく見ていた。

いったい何が起こっているのか、さっぱりわからなかった。自分がいま起きている事態の当事者なのか、一人の野次馬に過ぎないのかも、判断がつかなかった。

人ごみの中で「いったい何事なの?」とライブドアの顔見知りに聞いてみても、「僕らもさっぱり何が起きてるのかわかんないんですよ」と言う。誰に聞いても要領を得た答えは返ってこなかった。その場にいた誰もが、何が起きているのか理解していなかった。

捜査開始の直前に、「これからライブドアの強制捜査が始まる」というニュースがテレビで流れたらしいこと、後に「劇場型捜査」と呼ばれる、東京地検の捜査がこの日始まったことを知るのは、もう少し後になってからだった。ライブドアの捜査は一晩じゅう、夜を徹して行われた。

一夜明けた1月17日。その日は僕の26歳の誕生日だった。

20歳でミドリムシと出会い、ようやく大量培養に成功し、いよいよ勝負だという矢先に、間借りしていたオフィスに東京地検特捜部が強制捜査に入るなんて。まさかそんな出来の悪いマンガかドラマみたいなことが、自分の身に起こるとは、とても信じられなかった。

一番気がかりなのは、ユーグレナがこれからどうなるのかだった。

「明日もオフィス、借りられるんですよねぇ」と世話になっていたライブドアのいろんな人に尋ねるが、誰に聞いても「さあ……」「それどころじゃないよ」という返事しか返ってこない。誰もが明日、自分の会社に入れるのかさえ、わかっていなかった。

「悲しい」という気持ちはまったくなかった。あえてそのときの感情を言語化するとすれば、「すごいな」の一言だ。こんなことって現実にあるんだ。ハリウッド映画なんかよりも、よっぽどすごいや。ただ問題なのは、それが自分と、自分の会社に近いところで起きているということだった。

捜査が終わったあとも、2、3日はぼーっと自宅で過ごしていたように記憶している。

銀行を辞めたあとのゴールデンウィーク前後の1か月も、ほとんど思い出せないくらいぼんやりとした記憶となっているが、ちょうどそれと同じような状況になっていた。

でもずっと呆けているわけにはいかない。僕らは、どうにかして事業を前に進めなければならない。

## 吹き荒れる逆風——理不尽な拒絶に立ち尽くす

しかしこの1月17日から、すべての風が逆向きに吹き始めた。マスコミは連日、堀江さんとライブドアのことを徹底的に叩いた。「金の亡者」「虚業」「額に汗して働かない連中」といった罵りの言葉が、週刊誌やテレビなど、あらゆるメディアで叫ばれていた。

その攻撃の矛先は、ユーグレナにも及んだ。「ライブドアと沖縄の闇」といったおどろおどろしいタイトルが表紙に躍る週刊誌で、我々が石垣島で行っていたミドリムシの培養実験が、何か怪しいビジネスであるかのように書かれていたのを見たときには、心底驚くとともに、正直、心が折れそうなほどショックだった。

人々は少しでもライブドアと関わりのあった人や会社を、まるで腫れ物に触るかのように忌避するようになった。

ミドリムシも、ライブドアとの関わりによって、あらゆることがネガティブに取られるようになっていった。

その当時、僕たちには「これから一緒にビジネスを進めていこう」と話し合っていた、いろんな会社があった。年末に培養に成功したこともあり、

「ミドリムシに期待していますよ！」

「ユーグレナさんの描くビジョンが本当に楽しみです」

「こんなサプリメント、作れませんか」

などと言ってくれていたそれらの会社すべてが、ライブドアの強制捜査の後、手のひらを返したように「すみませんが、ユーグレナさんとビジネスをすることは難しくなりました」と断りの連絡を入れてきた。

捜査から数日が経ち、ようやく会社に入れるようになってからは、連日ライブドアの会議室で、取引を断りに来た人たちと会うことになった。

「ライブドアがあんなことになっちゃいましたから、ユーグレナさんも事業は継続できないでしょう」

「残念な話ではありますが、仕方ないですよね」

「僕個人としては、出雲くんのことも、ユーグレナのことも気に入っているんだけど、うちの会社の上がね。ライブドアとちょっとでも関係ある会社はダメだと言うんだよ」

といったようなことを、みんな判で押したように言ってくる。

理由を聞いても「社の方針なので」としか言わない。大勢の人が毎日のように入れ替わり立ち替わりやってきて、「これ以上ユーグレナとはおつきあいできません」と言うのを、黙って聞くしかない日々が1か月続いた。

これだけ続くと、途中からはアポイントの電話の時点で「断りに来るんだな」ということがわかるようになる。僕は次第に、

――会ってしまったら、『以後のつきあいはご遠慮ということで』となるなら、最初からアポイントを断ってしまえばいいのかな。

――海外に行っていて、日本にいないことにすれば生き延びられるかな。

などとも考えるようになっていった。もちろん、そんなわけはないのだが、それくらい追いつめられていた。

鈴木や福本も、相当なショックを受けていた。福本は営業に出かけた先で、ことごとく相手にされず、1社も取引先の開拓ができていないことに落ち込んでいた。

僕は、取引を断ってくる言葉を毎日のように聞かされて、表向きはじっと黙っていたが、心のうちは穏やかではいられなかった。

僕たちに会ったこともない、ユーグレナという会社のことも、ミドリムシのことも何も知らない役員や営業本部長といった人たちが、「ライブドア関連？　ダメダメ」とイメージだけで決めつけてくることに、心底腹が立っていた。

取引できない理由が、僕たちがいつまで経っても培養に成功しなかった、といったような納得できるものなら仕方がない。ところがそうではなくて、ライブドアと関係があるから、というのが理由なのだ。「何が悪いんですか？」と最初のうちは反論していたが、後半にはそれすら言う気力がなくなってしまった。

「ミドリムシに本当に申し訳ない、ミドリムシは何も悪いことをしていないのに……」

自分たちのせいで世間から嫌われてしまったことについて、この頃の僕は毎日、ミドリムシに詫びていた。

1か月が経過し、結局、ライブドアのオフィスも間借りし続けることはできなくなった。ユーグレナを続けるのか、それともここで諦めるのか、決めなければならない。

ライブドアの人たちは、オフィスもなくなることだし、我々が会社をたたんで当然だと考えているようだった。「やめるんでしょ」とみんなに言われ、事業をストップして、会社も解散するのが当たり前、というような雰囲気だった。

僕は1月17日から約1か月の間、事業を諦めるかどうするか、考え続けた。ライブドアの支援の下で事業を行うことはもはや不可能だ。僕にしかできない決断が、もうそこまで迫っていた。

## 銀行での決意——ミドリムシが誤解されたままでは

僕には、いつでも財布に入れて持ち歩いているものがある。

それは2006年2月17日の日付が入った、銀行の振込明細だ。

その日、僕はユーグレナを続けることを決めた。ライブドアに出資してもらっていた分の株式を、自分の貯金で買い取り、関係を断つことにしたのだ。

その日の午後、六本木の交差点にある三菱東京UFJ銀行六本木支店に僕はいた。株の買い戻しは、額が大きい振込のため、もちろんATMでは決済できない。人のいる窓口で手続きする必要があり、取扱窓口の時間は午後3時までだ。しかも株式の授受に関する決済は、通常の取引と異なる手続きのため、午後3時ぎりぎりだと受け付けてもらえず、間に合わない可能性もある。

このままユーグレナのことを諦めて、何か別のことをやるのか。全財産に近い金をライブドアに振り込んで関係を切り、独立して事業を継続するのか。僕はなかなか決心がつかず、窓口の順番を予約する紙も取らずに、ずっと銀行の2階のソファに座っていた。思いつめた表情で、じっと椅子に座り、何かを考え込んでいたそのときの僕は、相当追いつめられたように見えたと思う。

とはいえ銀行では、このような個人にとってのドラマなど、毎日のように生まれている。中小企業の経営者の多くは、似たような経験をしているはずで、個人にとっては人生の一大事だが、銀行にとっては日常茶飯事だ。銀行の窓口の人も、よくいる資金繰りに行き詰まったたいへんそうな人、くらいにしか思っていなかったことだろう。

窓口の終了時間が迫った2時55分、行員が資料の後片づけを始めたときになって、ようやく僕は決心した。震える声で、行員に声をかけた。

「ちょっと待ってください。手続きをお願いします。大事な振込があるんです」

そうして僕は、ライブドアに出資してもらった分の株を買い戻すために、自分のほぼ全財産をライブドアの口座に振り込んだのだった。

差し引き後の僕の口座残額は、32万1265円。いつでも見られるように持ち歩いているのは、このときの振込明細だ。

この2006年2月17日の午後3時から、僕には株式会社ユーグレナ以外は何もなくなった。応援してくれていた堀江さんも、間借りしていたライブドアのオフィスと資金はもちろん、机も椅子もなくなった。ともに事業を進めようとしていた協力会社だって、ほぼすべて去っていった。

しかし自分には、まだミドリムシがいてくれた。5億年の昔から、地球上のすべての生物の暮らしを根底で支え続けてきた、ミドリムシが。

自分で事業をやることを決意したのは、「僕がここでミドリムシを見捨ててしまっていいのか」という想いだった。資金の後ろ盾がなくなったくらいで、あてにしていたビジネスパートナーがいなくなったくらいで、「ごめん、やっぱり僕には無理だった。ミドリムシくん、さようなら」と諦めていいのか。世間からミドリムシが邪険にされたからといって、味方のつもりでいた自分までも、裏切ってしまっていいのか。

絶対に、それはできない。ミドリムシに対して、申し訳ない。

鈴木にも、福本にも、そして我々を指導し、データを託してくれた中野先生はじめ諸先生方にも、顔が立たない。ここでへこたれていいわけがない。このとき、ユーグレナという会社、そしてミドリムシと生死をともにする、という覚悟を決めた。

それは自分の人生で、初めて自分の意志で、全身全霊を信じた道に賭けることを決意した瞬間だった。高校、大学、そして東京三菱銀行を辞めたときも、いつも「この道を歩み続けていいのか？」と心の深いところでは思っていた。辞めてからでさえも、なかなか培養に成功しない現状に、ミドリムシに対して「本当にビジネスになるのだろうか？」と「？」をつけて考えていた。しかしこの日、僕は「？」と決別した。

その時点のユーグレナがキャッシュを生み出すあてはほとんどなかった。培養に成功すれば、さまざまな企業から研究開発費という名目の出資を受けられると考えていたが、もうその道はない。その時点のユーグレナは継続するだけでお金は出ていき、お金を稼ぐ手段を何も持っていなかった。僕も鈴木も福本も、役員報酬などない、そんな状況だった。

ユーグレナの創立日は、2005年の8月9日である。会社の登記をしたその日が、当然正式な創業日である。だが、この六本木の三菱東京UFJ銀行で振込をした2006年2月17日こそが、本当の意味での創業の瞬間だったといってもいいかもしれない。

2時55分になった瞬間、僕に会社がうまくいくという確信が生まれたのか、といえば、そんなことはまったくない。むしろ客観的に考えれば、数か月待たずに倒産する見込みのほうがずっと大きかった。ただそのときの自分は、ミドリムシのビジネスがうまくいかなくても、「やれることはやりきった」と思えるようにしたかったし、何よりもミドリムシが誤解されたままでは、死んでも死にきれない、と思ったのだ。

## 一からの出直し、そしてさらなる拒絶

まずは六本木の隣の駅の神谷町にオフィスを構えていた知人のベンチャーにお願いし、

オフィスをシェアさせてもらうことにした。引っ越し業者にお願いするお金もなかったので、レンタカーのバンを借りて、ライブドアに迷惑をかけないように、金曜日の夜の仕事が終わったあと、書類やパソコンなどの荷物を運んだ。まさに夜逃げのような感じだった。

引っ越してからも、オフィスが間借りというのは本当に肩身が狭く、「自分たちだけでオフィスを借りられるのはいったいいつになるのだろう」と何度も思ったことをよく覚えている。

さて、こういうドラマチックな展開のあとは、だいたい物事がよくなっていくというのが物語の定番だろう。「たいへんな苦労をしましたが、めでたし、めでたし」となるのが王道のストーリーだが、残念なことにまったくそのような展開にはならなかった。

株を買い戻し、六本木ヒルズから出たことでユーグレナは完全にライブドアと関係がなくなった。世間ではまだライブドアバッシングがすさまじい勢いで続いていたが、もはや無関係となった我々には、その余波は及ばないはず。

だから翌日の2月18日から、「いままでの1か月間はライブドアの一部門のように見られていたからうまくいかなかったけれど、これからは新生ユーグレナとして見てもらえるだろう」と思っていた。

「もうライブドアとは何の関係もありません」と言えば、「おお、そうか。じゃあミドリムシさんと一緒にやろう」となってしかるべきだと考えていたのだ。

そこで「2月17日から、もう一度再出発することになりました」と、おつきあいのあったパートナー会社の各社に、挨拶に回ろうと思ってアポイントの電話を入れ始めた。

だが、その返事は僕の耳を疑うものだった。

「来なくていいです」

「ちょっと会うのは難しいですね」

「もう終わった話ですから」

1月17日からの1か月間も驚くことの連続だったが、2月18日からはさらにびっくりすることになった。このときのことを思い返すと、いまだに心穏やかではいられない。

「苦労してライブドアとの関係を断ったのにそれでも会えないって、じゃあ『ライブドアと関係があるから取引できない』というのは何だったんだ……」と心の中でつぶやいては落ち込んでいた。

## 科学的に正しいことと、感情的な拒絶のはざまで

僕はこのとき、「拒絶される側」の気持ちというものを経験することになった。「サイエンティフィカリー・コレクト」（科学的に正しいこと）であっても、感情的には受け入れることができない、というものが人間にはある。皮膚や、眼の色や、生まれた場所によって、人間に差がないということは、科学的に考えれば当たり前のことだ。しかし世の中には、残念ながら厳然として何千年もの昔からいわれなき拒絶は存在し、いまなお、これだけ科学が発達しているにもかかわらず、消えることはない。

だが世の中で、一度「拒絶される側」に立つと、それが人をどれほど傷つけ、無力感を味わわせることになるのか、身に沁みてわかる。その気持ちは、「拒絶される側」に立ってみないと、決して理解することができない。

## 売れないサプリメント

2006年の2月17日、この第2の創業日から約3年の間、その苦労は続いた。それま

でと変わって、ミドリムシに対して誰も「いいね」という言葉をかけてくれなかった。

とはいえ事業は継続しなければならない。そのためには金を稼ぐ必要がある。不幸中の幸いというべきか、鈴木が成功させた大量培養によって、ミドリムシの生産量は順調に伸び続けていた。

ライブドアに強制捜査が入る前、我々は、ミドリムシを配合した機能性食品を開発して、それをテレビの通販番組などを通じて直接販売するという戦略を立てていた。さらに堀江さんがCMに出てくれたら、飛ぶように売れるだろうと目論んでいたのだ。

もちろんその戦略は、もはや取れない。だが福本が取りまとめて発注したサプリメントはすでに生産が始まっていて、やがて引っ越し先のオフィスに、それらがぎっしりと詰められた段ボールが何十と運び込まれた。

福本を中心に「サプリメントを販売することでミドリムシの知名度を高めて、事業につなげていこう」と営業に回ることにした。

僕もこのとき、生まれて初めてモノを売るということをやってみた。考えてみれば学生時代のアルバイトは、家庭教師しかやったことがない。僕の営業は、まさに「武士の商法」

を絵に描いたようなものだった。

「ミドリムシのような完全な栄養素を持っているサプリメントはほかにないんだから、どこでも『ぜひ売らせてください！』と飛びついてくるだろう」などと当初は高をくくっていたが、店や会社をいくら回っても、まったくといっていいほど売れなかった。東大を出たことなんか、お客さまに納得してサプリメントを買ってもらうことには、何の役にも立たないということを思い知った。

とはいえ僕たちの会社がそのときできること、金を稼ぐ手段は、サプリメントを売ることのみ。断られても断られても、ひたすら電話帳を見て、日本全国の薬品の卸会社や、健康食品を扱っていそうな小売店に、営業の電話をかけていった。

その頃のユーグレナは営業、事務など合わせて10名ほどの社員を雇っていた。とにかく彼らの給料を支払うのがやっとの経営が続いた。

## あとは、伝えるだけ——がむしゃらな日々で学んだこと

「なぜミドリムシほどの素晴らしい生物が、世界で初めて培養できるようになったのに、

引く手あまたの人気者にならないのだろう？」

営業をしながら、そのことが不思議でならなかった。サプリメントが売れなかったのは、そんな不遜な態度が相手に見透かされていたからかもしれない。来る日も来る日も取扱いを断られ続ける中、たどり着いた結論は、自分の伝え方が悪いのだ、ということだった。

どう考えても、ミドリムシが悪いわけではない。だったら、我々がいまとっている方法が悪いのだ。説明が悪いのだ。それならば、改善すればいいじゃないか。ミドリムシは藻の一種でとても栄養豊富な食材であること。それがちゃんと伝わりさえすれば、絶対に大丈夫なんだから。

しかしどうすればミドリムシを必要としている人のところに、正しく情報を伝えることができるのか。その方法がわからない。

このときまでの自分は、研究にしろ、ビジネスにしろ、正しい戦略を立てて正しい行動をとれば、ちゃんと予想通りの結果が出るはずだ、と信じて疑わない人間だった。一生懸命勉強して現役で東大に入り、文系から理転して農学部に行くことで文理双方がわかる人間として箔をつけ、東京三菱銀行に入社する、という人生を歩んできたのも「計画通りに生きていれば安心」という人生観を持っていたからだ。裏を返せば「計画通りにいかないこと」が自分は怖かったのだ。

しかし2006年の2月17日からの約3年間は、生まれて初めて、頭で考えた戦略が通用しない期間だった。だったらどうするか。戦略を考える前に、お客さんになってくれそうな人のところに飛び込んで、ぶつかってみて、ダメだったらまた別の人を探す。毎日それをやるしかない。福本ともそう話していたし、僕自身の覚悟もようやく固まってきた。

この時期の自分たちは、文字通り、「すべての会社に営業した」といっても過言ではないほど片っ端からあらゆる企業に営業をかけていた。サプリメントを取り扱ってくれそうな自然食の販売店や、エステ会社、接骨院……などなど、あらゆる販売ルートを求めて電話をかけまくっていた。

## 成毛眞さんから受けた心強い支援

この最もつらい時期の僕たちに、支援者が一人もいなかったわけではない。

ライブドアに捜査が入るという予想もつかない事件のあと、揺籃《ようらん》期のユーグレナに多大なバックアップをしてくれたのが、元マイクロソフト日本法人の社長であり、現在は投資家としてベンチャー企業の育成などを行っている、成毛眞《なるけまこと》さんだ。

成毛さんとは、ライブドア事件が起こる少し前に、知人の紹介でお会いすることになった。会うまでは、もともとマイクロソフトにいた方だから、ITのことには詳しくても、ミドリムシなんて相手にされないだろうな、と思っていた。ところがそれは、僕のとんだ勘違いだった。

成毛さんにミドリムシの持つ可能性について簡単に説明する中で、「発電所から出てくる排ガスは、大気と比べて350倍も$CO_2$の濃度が高いので、普通の植物はその排ガスを光合成に利用できないんです。でもミドリムシならばその二酸化炭素を使って光合成ができます」と話をした。

普通の人からは、僕がそういう話をしても目立った反応は返ってこない。しかし成毛さんは違った。

「そんなに高い濃度の二酸化炭素を処理するために培養液にエアレーション（水中に気体を溶かし込むこと）したら、ペーハーが急激に下がって強い炭酸水になるだろう。そんな環境でミドリムシは生存できるのか？」

そう尋ねてきたのである。僕は驚いて、「はい、なぜなら5億年前からミドリムシは光合成をしており、その当時の地球環境は……」と説明を続けた。

「ふーん、そもそも何でミドリムシはそんなに光合成の能力が高いんだ？　クロロフィル（葉緑素）には3種類あるけど、ミドリムシはどのパターンを使ってるの？」

と質問を重ねてくる。それらの質問が、ことごとく本質的で、ポイントをついてくる。堀江さん以外で、ミドリムシの持つ可能性を一瞬で理解した人に出会ったのは初めてだった。その次に会ったときは、成毛さんはさらにミドリムシについて専門的な知識を身につけていて、より詳しい説明を求められた。

どうやらそのとき成毛さんは、ミドリムシ事業に投資をするかどうか検討していたらしい。僕の説明を聞いて「自分は光合成の専門家ではないけれど、いままでの知識と照らしあわせて出雲くんの説明が合理的だったから、投資することにしたんだ」とあとで教えてもらった。

そうして成毛さんは、「みなしごハッチ」状態だったユーグレナを、新たに見守ってくれる力強い存在となった。資金的な援助にとどまらず、経営をサポートするメンバーがいたほうがいいだろうと、自分の会社で働いていた優秀な若手社員の永田《ながた》暁彦《あきひこ》という男をユーグレナに派遣してくれた。

永田は当初、社外取締役として働いていたが、僕たちと一緒にいるうちに、自分自身がミドリムシの可能性に賭けてみたくなってしまった。しかし成毛さんの命令で出向しているのに、出向先の会社に転職したいというのだから、成毛さんの機嫌を損ねても不思議ではない。僕はすっかり信頼する仲間となった永田に、「わかった、怒られるときは、一緒に怒られよう」と言った。

意を決して「転籍を許してもらえませんか」と相談した永田に、成毛さんは「わかった、がんばれよ」と快く認めてくれ、いまも変わらぬ支援をユーグレナに続けてくれている。本当に、成毛さんには、感謝するばかりだ。

その後もずっと永田は、事業提携や資金調達を中心に担当し、新たに始める事業でも大きく活躍することになる。

## いつもカバンに入っている、1枚のファックス

そしてもう一つ、心強い「応援」があった。

強制捜査から半年くらい経った、2006年8月の暑い日に、事務所のファックスがごとごとと動き出し、1枚の紙を出力した。

＊　＊　＊

FAX送信書

(株) ユーグレナ様

担当者様

お世話になります。

先日はユーグレナV22をお送り下さり、さっそく食しました所、以前から胃腸が弱く、時々胃痛等にも悩まされていましたが、一週間ぐらい(前)から気付いたのですが、胃痛や胸やけ等の不快感がなくなり、その上、便通も大変良くなりました。

また、いつもだったら夏バテがくる所ですが、朝の体調が大変良い事にも気付きました。

様々な健康食品を食してきましたが、私には大変良いものに思われます。

以前に勤めていた会社で様々なサプリメントを販売した経験もありますが、ユーグレナは最高に全てを備えたすばらしい食品と思えます。今度は家族（特に息子）にと思い、別紙の注文書に記しておりますので、よろしくお願い致します。

御社の今後のご発展と多くの人々にユーグレナが利用され喜ばれますようにお祈り致しております。

２００６年8月24日

＊＊＊

あとでわかったことだが、このファックスは、大阪で学校の先生をやっていらした年配の男性の方がサプリメントを探していたときに、たまたまユーグレナと出会い、飲んでみたところとても調子がよくなったということで、わざわざ送ってくれたものだった。

それまでの半年間、必死でミドリムシのサプリメントの営業をしてきたのに、誰からも見向きもされなかった。

しかしこの日初めて、直接お客さまからの反応があった。

僕はこの紙を見て、あふれる涙を抑えることができなかった。

それまで、ぜんぜん売れないサプリメントを作って売り歩き、どうにか会社を存続させてきた。最初の頃は売れないことに腹を立て、自暴自棄になって、「本当はミドリムシは素晴らしいのに、ライブドア・ショックのせいで売れないんだ」と心のどこかで思うこともあった。

でもこのとき、初めてお客さまからのファックスをいただいて、考えが変わった。

「子どもにも飲ませようと思います」という父親からのメッセージを読んで、「本気でもっとたくさんの人にミドリムシのよさをわかってほしい。いけるところまでいこう！」と思ったのだ。

ミドリムシのよさが理解してもらえていないのは、自分の努力が足りないから、そして伝え方が悪いからだ、と気づいたのもこの頃だった。

このファックスは、いまもカバンに入れてある。たぶん一生、カバンに入れて持ち歩くだろう。この先何があろうとも、このファックスを見返せば、どんなことでも乗り切れる気がする。

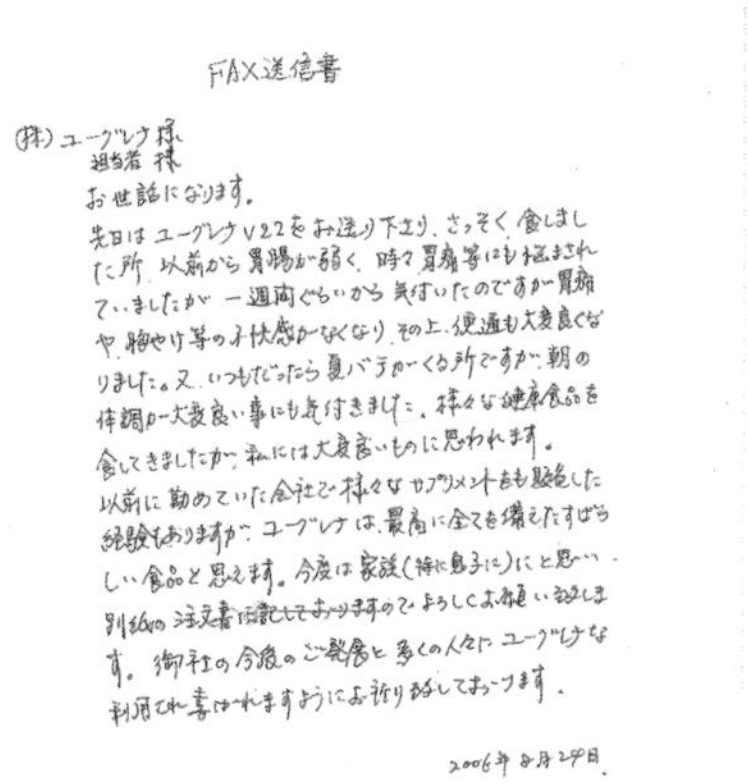

FAX送信書

(株)ユーグレナ様
担当者 様
お世話になります。
先日はユーグレナV22をお送り下さり、さっそく食しました所、以前から胃腸が弱く、時々胃痛等にも悩まされていましたが一週間ぐらいから気付いたのですが胃痛や、胸やけ等の不快感がなくなり、その上、便通も大変良くなりました。又、いつもだったら夏バテがくる所ですが、朝の体調が大変良い事にも気付きました。様々な健康食品を食してきましたが、私には大変良いものに思われます。
以前に勤めていた会社で様々なサプリメント等も販売した経験もありますが、ユーグレナは、最高に全てを備えたすばらしい食品と思えます。今度は家族(特に息子に)にと思い、別紙の注文書に記しておりますのでよろしくお願い致します。御社の今後のご発展と多くの人々にユーグレナを利用され喜ばれますようにお祈り致しております。

2006年8月24日

つらい時期を何度も救ってくれたファックス。

## 変化の予感――心理的なハードルを打ち壊した『不都合な真実』

さらにもう一つ、いまから思えば追い風となったことがあった。

2006年の夏頃だったと思うが、僕の身の周りに、ある変化が起こる。

国際線に毎週のように乗って活躍している商社に勤める高校や大学の先輩たちに会うと、みなが「これからは地球温暖化がさらに大きな問題になるよ」という話をするようになったのだ。

それまで地球温暖化の話題は、京都議定書などで知られるようにはなっていたものの、日常の会話にはあまり出てこなかった。

いったいどうして急に、地球温暖化が、国際人の間で大きな話題になったのか。

その理由は、当時のJALやANAなどの航空機の機内で、日本ではまだ公開されていなかった『不都合な真実』というドキュメンタリー映画が、たびたび上映されていたことだった。『不都合な真実』は、クリントン政権のときに副大統領を務めたアル・ゴア氏が作った映画で、地球温暖化についてさまざまなデータをもとに検証し、「このままでは人類は滅びかねない」と警鐘を鳴らす内容だった。

頻繁に国際線の飛行機に乗る、情報感度の高い人の間で、その映画を観たことによって「温暖化がこのまま進むとやばいな」という空気が醸成されつつあったのだ。

温暖化が地球規模で進めば、世界の気候はめちゃくちゃになり、これまで世界の穀倉地帯だったアメリカや中国でも作物の収穫量が激減すると予測された。そうなったら、日本に輸入される食料も危機的となる。日本は食料自給率が40%と先進国の中でも極めて低いのに、大丈夫なのだろうか、と多くの人が心配し始めていた。

そして2007年1月に、日本でも『不都合な真実』が公開されると、その気運はさらに高まった。アカデミー賞のドキュメンタリー部門賞を受賞したことでさらに話題となり、公開されてからずっと、映画館は満席が続いたという。

この映画の公開と、地球温暖化問題への関心の高まりは、ゆっくりとだが、ミドリムシにとって大きな追い風となった。環境問題に何の関心もない人からは「ミドリムシ？　なんか気持ち悪いな。イモムシでしょう、もうそんな話しないで！」と言われることがよくあった（もちろんいまもある）のだが、『不都合な真実』を観た後の人にミドリムシの話をすると、みんな「それはすごい、ぜひ実現してほしい」と言ってくれるようになったのだ。

## 迫り来る資金ショート――ユーグレナの危機

だがそれでも、ユーグレナの経営危機は年々深刻化していった。２００６年のライブドア・ショック以降、何度もキャッシュが底をつきそうになり、「何とかしないと2か月後には倒産するしかない」という状況に追い込まれたこともあった。

なかでも最もつらかったのは、仲間である社員に給料を減らすか、会社を辞めてもらうかしかないことを告げなければならなかったことだ。時期的にはもっと後のことだが、そのときのユーグレナは、働いてくれている彼ら自身に、そのどちらかを選んでもらうしか道はないほど、苦しい状況だった。

その日の朝、社員全員に集まってもらい、僕は涙をこらえながら賃金カット、もしくはリストラせざるをえないことを説明した。その結果、これまで一生懸命に働いてきてくれた、3名の仲間が会社を去ることになった。彼らも自分と家族の生活を考えた結果の、苦渋の選択だった。残った社員も、一律で給料が減らされることになった。

「業績が上向けば、また必ず給料を上げます」と約束したが、僕はそれまで、社員の給料というのは経営の状態によって、簡単に上げたり下げたりすることができるものだと思っていた。法律で厳しく規定が定められていることを、まったく知らなかったのだ。役員報酬も簡単に上げ下げできるものではないということを、そのとき初めて知ったのだった。

2007年当時、会社の収益源は、売れないサプリメントしかない。初年度の売り上げは2000万円ぐらいだったろうか。資本をどんどん切り崩して、オフィスの家賃や社員の給料に回していたが、刻一刻と、タイムリミットが近づいていた。

僕は書店で「上手な会社の潰し方」や、「人に迷惑をかけない破産の仕方」といった類のタイトルの本を買い求め、それらを暗い気分で読みふけった。中学高校のときと一緒で、自分はやっぱりリーダーには向いていなかったんだな、と思っていた。

「こんなことをするために自分は起業したわけではないのに、いったいどうしてこうなってしまったんだろう」

僕は毎日のようにそう考えては、人がいないところでよく泣いていた。

## 我慢ばかりさせてしまった仲間への想い

物事がうまくいかなかった頃は、鈴木に対してずっと申し訳ない気持ちでいっぱいだった。順調に研究者としての道を歩むはずだった鈴木を、僕が誘ってベンチャーに巻き込んでしまった。さらにずっと培養の成功をまだかまだかと急かしておきながら、いざ成功してみると、今度はビジネスがうまくいかず足踏みしている。

鈴木はユーグレナの研究に必要な設備なども、大学の研究室の片隅にこっそりと置かせてもらい、細々と研究を続けていた。オフィスも間借りなら、研究室も間借り。大学院生や博士課程の助手、学部の学生よりも立場がなかったはずだ。

「培養が成功するまでの我慢だ、それまではがんばってくれ」と鈴木に言っていたのに、まったく日の当たる状況にすることができない。自分が鈴木の立場だったら、と思うと、「ウソつきやがって」と殴られたって不思議ではない。

そういったもどかしさ、情けなさは、福本と鈴木に渡す報酬にも感じていた。倒産しかかったときの役員報酬は、僕が月に10万円という金額。福本と鈴木にはそれではあまりに悪いので、ちょっとだけ多く、とはいっても月に12万円くらいの報酬しか払えなかった。アルバイト以下の収入である。彼らがその間、どうやってやりくりしていたのか、詳しいことは知らないが、相当に厳しかったはずだ。

福本はそれなのに、「会社の業績が悪いのは、営業責任者の僕の責任です。僕の給料を一番下げてください。お願いします」と何度も言ってくれた。それを聞いてまた涙がこみあげてきた。

30歳を超えて、周りの友人たちははるかに多くの収入を得て、クルマや家を買ったりする人もいたことだろう。鈴木だって、金融の世界に行けば、何千万という年収を得て不思議ではなかったし、大手のメーカーに就職して研究者をやっていたら、どんな会社だろうと月に12万円の給料ということはなかっただろう。

## 伊藤忠との出会い――危機から救ってくれたアツい商社マン

資金ショートの危機が続くユーグレナだったが、実はたった一つだけ望みが残っていた。その希望がなければ、あるいは早い段階で会社を清算していたかもしれない。

希望とは、大手商社、伊藤忠商事が資金の援助を検討してくれていることだった。

その頃、ある経済誌に出たユーグレナの記事を見て、伊藤忠商事の食料カンパニーで働く伊東裕介《いとうゆうすけ》さんという方が、「ミドリムシの食品化について詳しく話を聞きたい」と言って会社を訪ねてきてくれた。

僕は伊東さんに、ミドリムシがビタミンCや必須アミノ酸、ミネラルやDHAを豊富に含む優良食材で、加工すればお菓子や麺類などにも美味しく利用できることを説明した。だが、正直な話をすれば、最初はあまり期待していなかった。それまであまりに営業先で断られすぎていたので、過度な期待を抱くことを自分で抑制していたのだ。

でもそんな僕の冷めた気持ちは、伊東さんと会うたびに、熱く動かされていった。

伊東さんは伊藤忠に転職して入られた方で、もともとは専門系の商社に籍を置いていた。

そのためそれまでに会った大手商社の方とは、ものの見方や考え方が違っていた。

僕たちの苦労についても同情してくれて、明るい口調で、

「ベンチャーっていうのはそういうもんですよ」

「伊藤忠がどういう協力体制を組めるか、一緒に考えましょう」

「僕、本気でミドリムシやるんで、出雲社長も本気で取り組んでみませんか」

と言ってくれた。

僕は伊東さんの言葉に感激し、一年間必死で伊藤忠とのパートナーシップを結ぶための仕事に取り組んだ。企画書や提案書を作ると、まず伊東さんに見せる。

「うーん、これじゃ通りそうにないなあ」と言われたら、また作りなおして、何回も何回もそれを繰り返す。「これならオッケーでしょう」と伊東さんをパスしたものを、会社の上司の人に出してもらう。それがダメならまた一から繰り返して……という作業を、ひたすら反復した。

## 2年、僕にくれませんか？——福本のがんばり

伊藤忠と僕の交渉の裏では、福本が会社の経営を支えるために、それこそ血を吐くぐらい、仲間に率先してサプリメントの営業を続けてくれていた。

福本は営業の天才と言ってもいいセンスを持っていた。彼に笑顔を向けられると、子どもから老人までみんなファンになってしまうのだ。

僕と出会う前、クロレラを販売していた頃には、おばあさんと一緒に庭の草むしりをしながら世間話をして、サプリメントを買ってもらったりしたこともあったそうだ。それでも「ユーグレナ」というあまりイメージが湧かない名前のサプリメントを売ることには、たいへん苦労していた。

彼は愛媛の生まれということもあって、四国の英雄、坂本龍馬を心から尊敬していた。そのため常に龍馬のように前のめりで、全力で生きていた。過去に生命に関わる事故に遭遇したことがあるらしく、そのときの経験から、「命さえあれば、何でもできます」といつも言っている。

2008年のはじめ頃まで福本は、実家の会社の仕事と、ユーグレナの仕事を並行して行っていた。相変わらず経営が安定したとは言えない状況が続いていたユーグレナだったが、創業3年目のいまが踏ん張りどころだと考えた僕は、ある日の夜、福本を愛宕《あたご》グリーンヒルズにあるイタリアンバルに誘った。そして、こう頼み込んだ。

「福本さんの時間を2年間、僕にくれませんか?」

僕はそのとき、福本には「自分が逆立ちしても敵わない」と感じていた。愛媛の親の会社で働いていれば、何一つ不自由なく、若きプリンスとして暮らせるのに、わずかな月収で僕の会社で働いてくれている。

泥水を飲むような辛い飛び込み営業を、まったくいやな顔をせずに続け、給料を下げるという話をしたときも、「自分を一番下げてください」とずっと言ってくれた。鈴木とは違う天才が、僕の目の前にいた。その福本にどうにかして応えたい。そう思った結果、僕は福本に、ユーグレナにフルコミットしてほしい、と頼んだのだ。

彼は僕の目を見て、「わかりました」と言ってくれた。

そして福本は、翌日の朝の会議で、「発表があります」と言った。

「次の四半期で、営業成績が黒字とならなかったら、責任をとって辞めます」

まったく初耳だった僕は、この言葉を聞いてめちゃくちゃ驚いた。何もフルコミットを決めてくれた翌日に、「成果があげられなければ辞める」と宣言しなくたっていいじゃないか、と思ったが、福本の決意は固く、前言を撤回させることはできなかった。

「辞める、というのは自分を追い込むためでした。出雲さんを、何があっても支えていこうと決めたんです。そのためには、後戻りできない立場に自分を置く必要がありました」

——後にこのときのことを聞くと、福本はそう答えてくれた。

実際、それからの福本はまさに鬼気迫る勢いで営業を行っていった。あれほど真剣にモノを売ろうとする営業マンを、僕は見たことがない。そして福本は、見事に営業目標を達成した。２００８年４～６月期の目標売り上げ金額をはるかに超えて、７４００万円ものサプリメントを売ってくれたのだ。この最も苦しかった時期のユーグレナを金銭面で支えてくれたのは、間違いなく福本の功績だった。

## 初めて「？」を外してくれたパートナー、伊藤忠商事

2008年5月、ついに伊藤忠商事から研究開発費として出資を受けることが決まった。この出資は、伊東さんと僕が2007年から進めてきた、半年以上にわたる交渉が実ったものだった。

これは僕にとって本当に大きな意味があった。自分がリーダーとして率いてきたユーグレナという会社と、ミドリムシの可能性を、初めて本当にわかってくれるパートナー企業が現れたのだ。以前にサプリメントを愛飲してくれているお客さまからファックスをいただいたときも嬉しかったが、伊藤忠の出資が決まったときは嬉しさと同時に、「これで会社を潰さなくて済むんだ」と心の底から安堵を覚えた。

福本を中心としたサプリメントの販売も、確実に売れ行きを伸ばしていた。その後、ミドリムシを練り込んだクッキー「ミドリムシクッキー」を開発し、日本科学未来館などで発売したところ、メディアが物珍しがって何度か取り上げてくれた。

実は、僕たちはそれまで、あまり堂々と「ミドリムシ」という名前では、自分たちの商

品を売ってこなかった。それは繰り返し述べてきたように、ミドリムシという語感から、青虫やイモムシの仲間だと思われて、イメージが悪くなることを恐れたためだった。そのため製品名にも「ユーグレナV22」という名前をつけていた。

だがこの頃から、その発想を変えた。堂々とミドリムシということで、世間に正しく理解をしてもらったほうが、結果的に商品の売れ行きにもつながるし、ミドリムシのためにもなると考えたのだ。そしてそれは正しかった。メディアでミドリムシが取り上げられるたびに、少しずつ世の中に「ミドリムシは体にいいらしい」というイメージが広がっていった。その広がりが、サプリメントの売り上げにもよい影響を与えた。

会社の預金残高も安全圏に達し、「いますぐ倒産するかも」という恐れはなくなり、どうにか一息つけるようになった。僕が全国の企業を営業で回り、ミドリムシのよさを伝え始めてから、2年以上の歳月が経っていた。

待ちに待った報せ、伊藤忠商事というパートナー企業ができたという報せは、そんなときに届いた。そして、この日を境に、ユーグレナをめぐる環境は劇的に変わっていく。

物事は、変化するときには驚くほどの勢いで変わるものだ。2008年に伊藤忠商事が最初の出資をしてくれてからは、すべての物事がよい方向に転がり始めた。

「あの大会社の伊藤忠が応援している」

「東大で研究していて、世界で初めてミドリムシの大量培養に成功したらしい」

「まだ日本のユーグレナというベンチャーしか持っていない、世界初の技術だ」

そんな理由で、石油会社や、航空会社、ゼネコンなど、徐々に興味を持ってくれる企業が現れた。それまでの苦労が、まるで嘘のような展開だった。

この経験を通じ、僕は一つの大きな学びを得た。

たとえ成功の確率が1％しかないことでも、2回繰り返せば、成功率は1・99％に高まる。3回では2・97％、4回では3・94％と成功率は上昇していき、なんと459回挑戦すれば、99％成功するのだ。

だから、もし何かにチャレンジしているのなら、その試みを100回や200回の失敗でやめてはいけない。僕が伊藤忠に巡り合ったのも、500社に訪問した後のことだった。

## あらゆる人に、あらゆる手段で営業すること

この約3年間の営業を通じて、学んだことがある。

それは、自分たちが本当に正しいと思うことをやっていれば、どこかに必ずそれに共感してくれる人がいる、ということだ。

ベンチャーの経営者が銀行にお金を借りに行って断られた、あるいは営業マンが新規営業をしているのにぜんぜん受注ができない、という話をよく聞く。

そのたびに思うのは、「いったい何人の人に会って話をしたんだろう？」ということだ。

銀行に資金の融資をお願いする場合ならば、トップの頭取に「融資してほしい」と頼んで断られたなら、それは仕方がない。営業の場合でも、社長に直接商品を売り込んで、「うちでは必要ない」と言われたら諦めるしかないだろう。

しかし大きな企業であれば、担当になりうる人は、何百人、ヘタすれば何千人、何万人だっている可能性がある。その担当の人だって、たまたま営業に行ったときにお腹が痛くて調子が悪かったとか、前の日に夫婦喧嘩をしていて機嫌が悪いせいで、こちらの提案を

ちゃんと聞いてくれなかったのかもしれない。

昨日パートナーと喧嘩してムカムカしている人や、お腹が痛くてつらい人には、ミドリムシの話がどんなに素晴らしくても、どれだけその人に合わせて話をしたとしても、刺さらないものは刺さらない。

だとすれば、日を改めて出直す。あるいは他の人に聞いてもらったほうが、ずっと物事が前向きに進んでいく。このことが約3年間の営業経験で、骨身に沁みてわかった。

世の中にはそういうネガティブな状態の人とはまったく逆の人もいる。そういうポジティブな人と出会えれば、展開はまったく違ってくる。

たまたま奥さんが出産したばかりで、「生まれたばかりの子どものために、未来の世界をよりよくする仕事をしたい」というように、超前向きな気持ちになっている人だって、何千人もの社員の中には必ずいるだろう。

自分の経験からいっても、そんな人にミドリムシの話をすれば、ほぼ間違いなく共感してくれて、「自分ができることで協力しましょう」と言ってくれることが多かった。これは、これまでありとあらゆる人、それこそ幼稚園児から90歳のおばあちゃんにまでミドリムシのことを説明してきての実感だ。

だからとにかく何かを成し遂げたいならば、「やれ！」「人に会え！」「自分の思いを伝えろ！」という話なのだ。

「そんなに必死になるのは恥ずかしい」と思う人もいるだろう。僕もそういうタイプだった。しかし天才でも何でもない自分が、本気で人にぶつかって、動かしたいならば、「恥ずかしい」なんて思うこと自体がちゃんちゃらおかしい。まずはやってみなければ、動いてみなければ、相手に気持ちが届くはずがないのだ。

相手に認められず、ふてくされる暇があるなら、四の五の言わずに、別の人を探して、とにかく一人でも多くの人に会う。またダメだったらすぐに次の人にアポイントをとる。そうして、会って会って会いまくっていれば、そのうち必ず聞いてくれる人が出てくる。

ところが多くの人は（そして以前の自分も）、「いつか自分のアイデアを認めてくれる人が出てくるはずだ」と待っている。待っている限り、そんな人が現れる可能性は、ほぼゼロだ。とくにベンチャー企業で働いているならば、自分から攻めていく姿勢でいることが、常識以前の常識だ。

「日本国内で営業に行ってない会社は、ない」

こう自信を持って言えることが、いまの自分を、そしてユーグレナを形づくってきたのだと断言できる。

「努力した者がすべて報われるとは限らない。ただし、成功した者はみなすべからく努力している」

幼い頃から愛読しているマンガ、『はじめの一歩』の鴨川会長のこの言葉を、僕は信じる。努力を言い訳にしてはいけない、ということ。

そして努力しているのにうまくいかなかったら、それはつまり、「もっと努力しろ」ということなのだ。

とはいえ自分も最初からこのように思えていたわけではない。営業を始めて2年ほどが経ってから、ようやくぽつぽつと手応えを感じ始めるようになって、だんだん「いま自分たちがやっていることは不毛ではないんだ」と思えるようになった。

逆に考えれば、2年で芽が出てきたのは、幸運だったのかもしれない。もっともっと、何年も、ヘタすれば何十年かかっていた可能性だってあったのだ。

# 第6章

# 未来と、ハイブリッドであるということ

## アルジーバイオマスサミットで味わった屈辱と、新たな出会い

2007年の11月。僕はサンフランシスコで開催された「第1回アルジーバイオマスサミット」に出席した。「アルジー（algae）」とは藻、藻類を意味する。

このサミットの中心的な議題は、「藻類由来のバイオマスエネルギー」。クロレラなどの微細藻類から、再生可能なバイオマスエネルギーをいかに取り出すかというのがテーマだった。全米から、何百という企業や大学、団体、研究所、軍の機関などが集まり、それぞれの研究の成果を発表するというシンポジウムだ。

アメリカは世界でもっとも大量の石油を消費する国であり、エネルギー政策は常に国家の土台に関わる大問題である。そのため枯渇が危惧される石油に替わる新たなエネルギー源の開発に、現在もすさまじい額の投資が、国家によって行われている。

このサミットもその一環で、エネルギーに関連する事業を行う民間企業、官庁がこぞって参加していた。アメリカ国防総省も全力をあげてバックアップしており、会場にはペンタゴンの制服を着たお偉いさんが、何人もいた。

僕がこのサミットに参加することを決めたのは、純粋な好奇心からだった。当時、ユーグレナのビジネスは機能性食品の販売が中心であり、エネルギー事業については何の見通しも立っていなかった。そもそも僕自身のミドリムシへの興味も、バングラデシュで見た人々の栄養失調からスタートしている。

ニューサンシャイン計画では、ミドリムシからバイオ燃料が取り出せる可能性についても触れられてはいたが、それはあくまで「仮定」の話だった。中野先生とも「いつかミドリムシが大量培養できたら、それから取り出した油でオートバイを走らせてみたいですね」などと話したことはあった。だが、実現できる未来はまだまだ先だろうと思っていたし、まずは「ミドリムシによる栄養素普及ビジネス」を軌道に乗せることが、当時の僕たちにとっての第一の目標だった。

とはいえ2007年は、前年に全米公開された映画『不都合な真実』などをはじめ、アメリカ全体で二酸化炭素による地球温暖化問題と、石油に替わる再生可能エネルギーの開発が大きな話題となっていた。

ミドリムシが、この二つの大問題を解決するポテンシャルを持っていることは間違いない。そう考えていた矢先に、このシンポジウムが開催されるという情報を聞き、とにかく駆けつけてみようと思ったのである。

こうして僕は、どんな人が出席しているかも行くまでわからないまま、単身、サンフランシスコへ飛んだ。

オープニングセレモニーの会場には、すでに何百人もの人々が集まっており、そのほとんどがアメリカ人だった。ちらほらと中東系、アジア系の人もいたが、会議出席者の名前をパンフレットで見ても、日本から参加しているのは10人もいない様子である。

開会の挨拶をしたのは、藻類の研究者として世界的に著名なジョン・ベネマン教授だ。そのスピーチの中では、かつて日本で行われたニューサンシャイン計画についても触れられた。だがその紹介の仕方が問題だった。「あの計画は失敗だったけれど、我々は成功を目指してがんばろう」というのだ。僕は、悔しい思いでいっぱいだった。

数日に及ぶシンポジウムの最終日には、懇親会を兼ねたパーティが開かれた。何百人という研究者、企業の人々が、名刺交換をして活発に交流を図っていたが、僕の周りにいるのはアメリカ人ばかりで、誰がどんな組織に属している人なのか、ほとんど見当もつかない。

「誰か一人ぐらい日本人はいないのかな」と見回すと、少し離れたところに50歳前後のスーツを着た男性がいた。その人こそが、後にユーグレナの燃料ビジネスの道を切り拓いてくれることになる、太田晴久《おおたはるひさ》さんだった。

太田さんは当時、新日本石油の研究開発企画部のプリンシパルスペシャリストを務める研究者だった。お話ししてみると、太田さんも藻類からバイオマス燃料を抽出する技術に関心があり、このシンポジウムに研究の動向を見に来たという。

その場ではミドリムシについて詳しい話をする時間がなく、「細かい話はぜひ日本でさせてください」と僕が言うと、太田さんも快く「また日本で会いましょう」と答えてくれた。

## ハイブリッドなミドリムシ燃料が持つポテンシャル

日本に帰国してすぐに、太田さんは東大にある僕たちの研究室を訪ねてこられた。

アメリカでのサミットに参加してみたものの、その時点で僕たちには、エネルギーやバイオマス燃料についての知識はほとんどないし、実験設備すら持っていない。そんな僕らに太田さんは、世界のバイオ燃料の動向やエネルギービジネスの現状について、さまざまな話をしてくださった。

帰り際、太田さんに、「せっかくですから、オマケでけっこうですので、ミドリムシの油もテストしていただけませんか」とお願いしてみた。太田さんは僕たちの頼みを快諾してくれて、テスト用のミドリムシを後に送った。

1か月ほど経ったある日、太田さんから連絡があった。

「驚くような結果が出ました。ミドリムシの油は、他の植物から作る燃料とは、出てくるデータの数字が明らかに違う。よっぽど変わった生き物なんですね」

そのとき僕は初めて、はっと気がついた。そもそもミドリムシは純粋な植物ではなく、動物性の栄養も作ることができる。それならば、ミドリムシが作る油も、ヒマワリやトウモロコシや大豆など他の植物から作る油とは、性質が違うはずだ。

太田さんはその数字を見て、「ちょっと真面目にミドリムシ油の研究をしましょう」と言ってくれて、さらに詳しく新日石の研究所で分析してくれた。

結果、ミドリムシの油は、他の植物から絞ったバイオ燃料とは明らかに性質が異なり、効率のよいエネルギーを取り出せる可能性があることがわかった。しかも精製するときにグリセリンなどの余計なゴミがほとんど出ないことも判明した。

太田さんからは「石油会社が取り扱う燃料としては、非常に質のよい油になりそうです」と嬉しい分析結果を知らせていただいた。さらに、どうやらジェット燃料の原料にも適しているらしいこともわかった。当時の僕たちの研究室には、油の分析装置がなかったので、それまでミドリムシ油がそれほど高いポテンシャルを秘めていることも、まったくわかっていなかったのだ。

こうなって初めて世界の燃料ビジネスの動向について調べてみた結果、興味深いことがいくつかわかってきた。まず自動車に使われるガソリンは、エンジンの燃費効率がどんどん上がっていることから、世界全体で見ると需要が右肩下がりで減っていることが判明したし、重油も使用量は毎年下がっている。

ところがジェット機に使われる航空燃料は、ずっと消費量が上がり続けていた。そうしたマクロな石油の市場環境を見ていると、「ミドリムシ由来の油が飛行機の燃料になるのであれば、これは将来的にユーグレナにとって、食料ビジネス以外の第二の柱になるかもしれない」と思えてきた。

マーケットもジェット燃料をこれまで以上に必要としているし、何より日本がこれからも世界と交流を維持していくためには、飛行機が活発に行き来することが、必須の条件になる。ミドリムシでジェット機を飛ばせるようになれば、それは日本経済の活性化にも大きく貢献できるはずだ。こうして僕は、ミドリムシ燃料ビジネスを本格始動することを決意した。

## 「隠れプロジェクト」、始まる

だがその時点でのユーグレナは、前章で見た通り赤字続きの会社である。本業であるミドリムシのサプリメント事業からも十分な利益が出ていないのに、新しく燃料ビジネスの研究開発を行うことは一筋縄ではいかなかった。

ある日の取締役会で、僕が「ミドリムシからバイオジェット燃料を取り出す研究をスタートしたい」と告げると、その場に出席していた投資ファンド側の役員の方々全員から反対された。「まずは本業で黒字を出してからにしたほうがいい」「投資効率を考えると、先行きがわからない事業に手を出すのは危険」というしごく当然の反論だった。

しかしそれでも僕は、ミドリムシ燃料ビジネスはやるべきだ、と思った。アメリカのサミットの盛り上がりを考えると、藻類から抽出するバイオマスエネルギーへの注目がますます高まってくることは間違いない。太田さんの分析によって、ミドリムシ燃料の優位性が明らかになったいま、それをほったからしにしておくことは、到底できない。

そこで僕はミドリムシ燃料ビジネスを「隠れプロジェクト」として推進することにした。太田さんと密に連絡をとりあい、鈴木にも話をして、会社としてはほとんどお金がかからない形で、中野先生とともに燃料化への研究を進めてもらうことにしたのである。

太田さんという力強い存在を得たものの、ジェット燃料を研究開発して航空会社に使ってもらう、というのは非常に大きなプロジェクトとなる。サプリメントの開発に比べて、研究開発費も莫大にかかるだろうし、設備にしても大きなプラントが必要となることは明らかだった。

しかしこのとき、一つ幸運なことがあった。ちょうど時期を同じくして、航空業界でも温室効果ガスの排出量削減が課題となっており、全日本空輸（ANA）と日本航空（JAL）から新日石に「再生可能なエネルギー資源によるバイオジェット燃料の開発をしてほしい」という要望があったのである。それに対して太田さんは、「ミドリムシ由来の燃料は、ご期待に添えるかもしれません」と新日石社内で提案をしてくれた。

結果、バイオジェットに利用可能な燃料化技術を有する新日石（ちょうどこの頃合併によりJX日鉱日石エネルギーに）、培養に関するインフラ技術を有する日立プラントテクノロジー、ユーグレナの培養技術を有するユーグレナの3社によるミドリムシからのバイオジェット燃料の製造に関する共同研究が2009年にスタートすることになった。

その際、この2社から出資していただくことも決まり、1年以上続いた「隠れプロジェクト」はようやく表舞台に立つことができたのだ。

ありがたいことにJX日鉱日石エネルギーと日立プラントテクノロジーが出資してくれたこの日から現在に至るまで、ユーグレナは事業を進めるうえで、時間がなくて困ったことはあったが、お金がなくて困ったことは一度もない。

## ＪＸ日鉱日石からベンチャーへ――男気あふれる決断

正式に共同研究が始まり、太田さんと何度もお会いして話をしているうちに、僕はすっかりそのお人柄に心酔してしまい、「何とかしてユーグレナの燃料ビジネスの技術面を見ていただけないだろうか」と考えるようになった。

というのも、前述の通りユーグレナには燃料についてわかる人間は一人もいない。ＪＸ日鉱日石エネルギーの技術部門にいる太田さんがコミットしてくれるなら、これほど心強い存在はない。

そこで僕は、どうにか太田さんをユーグレナの顧問として迎えられないかと、さまざまな「引き抜き工作」を行った。太田さんのご紹介でお会いできたＪＸ日鉱日石エネルギーの取締役の方にも、「ぜひとも太田さんに技術を見ていただきたいんです」とお願いした。

太田さんご本人にも「お子さんはおいくつなんですか？」などとさり気なく聞いて、「うちがいくらぐらいお金を払うことができたら来てくれるだろうか……」などと探りを入れたりもした。大企業のＪＸ日鉱日石エネルギーの技術者である太田さんに対して、その時点のユーグレナが払えるのは、わずかな金額しかない。それでも僕は、太田さんに来てほしかった。

しかし僕のそんな小さな立ち回りは、太田さんの「男気」の前には不要だった。太田さんは自らの意思で、JX日鉱日石エネルギーから「出向」ではなく、「退職」をして、片道切符でユーグレナの技術顧問に来ることを決めてくれたのである。

しかも「出雲さん、お給料はほんの少しで構いませんよ。他の会社からも、顧問料をもらいますから。私がこれまで、JX日鉱日石エネルギーで学んだことを社会に還元する一番よい道は、ミドリムシでバイオジェット燃料を作ることだと思いました」と言ってくれたのだ。

無私の気持ちでユーグレナに来てくれた太田さんには、感謝の念に堪えない。

2012年現在、太田さんは、中野先生とともにユーグレナの技術顧問を務めてくださっていて、ミドリムシ燃料ビジネスの技術を中心的に見てくれている。石油業界でも著名な技術者である太田さんがユーグレナに来てくれた、ということは業界の人々にもニュースとなって伝わり、「どうやら本当にミドリムシからの燃料はものになりそうだ」という噂が広まっていった。

## 次々と広がっていった燃料ビジネスのネットワーク

こうしてかすかな点と点がつながり、軌道に乗り始めた「第二の柱」燃料ビジネスへの船出だが、この動きは２００９年末から２０１１年にかけてさらに加速していく。

食品事業の収益を圧迫せずに、燃料ビジネスを進めていくためには、より多くの資金と研究パートナーが必要だ——そう考えた僕は、資金集めとパートナー作りを積極的に広げる施策はないか、財務と事業戦略を担当している取締役の永田に相談した。永田も、自分たちの事業戦略は綿密に練られており可能性も十分あるとは思っていたものの、「ミドリムシで飛行機を飛ばす」「ミドリムシを環境技術に活かす」ということは、「ミドリムシを食べる」ということと同様、最初に受け入れてもらうことの難しさを感じていた。

そこで永田は、成毛さんとともにライブドア・ショック後のユーグレナを支えてくれた、芦田《あしだ》邦弘《くにひろ》さんに企業の紹介をお願いした。芦田さんは住友商事に長年勤め、副社長にまでなられた方で、成毛さんの経営する投資会社、インスパイアの役員をされていた。すなわち永田の元上司である。芦田さんは2006年から成毛さんとともに、ユーグレナの顧問として物心両面でさまざまなサポートをしてくれていた。

70歳を超えてらっしゃるが、非常に広範なビジネスの経験をお持ちで、「芦田さんがミドリムシは面白い、というなら大丈夫だろう」と他の投資家や企業の方々を説得するような安心感が、言葉一つひとつに宿っていた。

その芦田さんがANAに対して、「ユーグレナの燃料ビジネスは最終的にはユーザーである航空会社のためになる。研究のための資金を出してやってくれないか」と説得してくれたのだ。

燃料のユーザーであるANAが出資するバイオベンチャー企業やエネルギー事業を行っている会社は、現在のところユーグレナのみである。その意味で、ANAから出資を受けるということは、ユーグレナの信頼性を高めるうえでもたいへんありがたいことだった。

その後も、70歳を超える芦田さんと、20代後半の永田という歳の差ハイブリッドコンビは、芦田さんの信頼性と緻密な事業戦略提案を背負って日本じゅうを飛び回り、ANAに加えて、清水建設、東京センチュリーリース（現東京センチュリー）、電通などの事業会社との資本提携を実現し、結果的に２００９年末から２０１１年の２年半で約５億円の資金調達と多くのパートナーシップを実現した。

振り返ってみると、ライブドア・ショックがあったことによって、成毛さん、芦田さん、そして太田さんという３人の協力者と出会うことができ、永田というかけがえのない仲間を得て、そのことによってミドリムシ燃料ビジネスという新たな展開も拓けていった。つらい冬の時代も、終わってみれば、すべてはよい結果へとつながっていったのだ。

## 伝え続けた想いが、報われた瞬間

電通からの出資が決まったことは、僕にとってもう一つ大きな意味があった。

僕たちは最初から、「ミドリムシを普及させるには、イメージ戦略が非常に大切だ」と考えていた。

世間の人の多くは、ミドリムシのことを「どうせイモムシとか青虫の仲間でしょ」と思っていて、なかなかまじめに話を聞いてくれない。そのイメージを変えるには、周到なコミュニケーション戦略が必要であり、そのノウハウに長けた会社に協力を仰ぐ必要がある。

それができるのは広告代理店だと考えていた僕は、広告会社の中でも最大手の、電通に何度も足を運んでいた。ユーグレナはお金がないから、電通に行ったところで「ミドリムシのテレビコマーシャルを作ってください」なんて頼めるわけがない。そこで僕は電通の担当の方に、こう伝えた。

「うちはいま広告をお願いできるお金はありません。でも、もしもご協力をいただけるなら、いつかミドリムシが世界を救った暁には、『電通もミドリムシと一緒に世界を救いました』と言っていただけます。現在、当社が御社に提供できる、唯一の、そして最大のバリューが、そのお約束です」

石油会社のようなエネルギーをビジネスの領域とする会社は、ミドリムシ自体やその技術を欲している。しかし広告をビジネスとする電通は、ミドリムシそのものは必要としていない。そこで彼らがどうすればミドリムシに興味を持ってもらえるか、考え抜いて行ったのが、上記のプレゼンだった。

数週間後、電通の担当の方から連絡があった。

「将来ミドリムシのビジネスが大きくなったときに、私たちの出番があるでしょう」

と、純粋な先行投資として、僕たちに出資するということを伝えてくれた。電通にも「世界を救うようなビジネスをやってみたかったんです」という人がいたのだ。僕たちが伝え続けたことが、報われた瞬間の一つだった。

## 最初にリスクをとってくれた人々への感謝

商社の中では伊藤忠商事、石油会社ではJX日鉱日石エネルギー、航空会社では全日空、工場建設においては日立プラントテクノロジーと清水建設など、これらの企業に対する僕の感謝の念は、言葉にできないくらい大きなものがある。感謝の念からそれらの企業にほんのわずかでも恩返しをしたいのだ。将来自分に子どもが生まれたら「出雲　伊藤忠JX日立全日空……」とすべての企業の名前をつけたいくらいだ。

そこまで極端なことを言うのには、もちろん理由がある。

ある時期から、サプリメントの販売は基本的に営業責任者の福本に任せて、僕はユーグレナの研究開発費を支援してもらうためのスポンサーを探すため、これまで述べてきた企業のほかにも日本じゅうのありとあらゆる会社を営業して回っていた。

まずは、ミドリムシを燃料源として使ったり、事業活動で排出する二酸化炭素の削減に頭を悩ませている可能性のある会社について、しらみつぶしに訪ね歩いた。石油会社、商社、鉄鋼会社、電力会社、セメント会社など、大量のエネルギーを使って膨大な$CO_2$を排出する企業すべてが、ユーグレナの顧客になりうる存在だった。

日本は石油を輸入しなければ経済活動が成り立たない国だ。しかしミドリムシから石油に替わる燃料を取り出すことができるようになれば、自国でエネルギーをまかなえる可能性が出てくる。石油会社にとっては非常に魅力的な新規ビジネスになるはずだ。しかも燃料を取り出した残滓《ざんし》から、食べ物の材料や、お菓子などに入れる栄養分を取り出すことができる。製菓会社や食品会社や製薬会社なども当然、営業先になる。それらの栄養は、農地に撒けば優良な肥料にもなるし、飼料としてもすぐれている。ミドリムシの用途の可能性は、ありとあらゆる業界に及ぶのだ。

当時いったい何社に営業に行ったのか、わからない。行ったことのない都道府県もないのではないか。

だが営業に行った先では、次の言葉を何度も言われた。

「お話はわかりました。ミドリムシがたいへん素晴らしい可能性を秘めていること、よく理解できました。ただ……やはり最初に取り組むというのは難しい。他の会社が採用したら、ぜひうちでもミドリムシのビジネスに参入したいと思います」

日本じゅうのあらゆる場所で、この言葉を聞かされた。

先ほど挙げた会社はすべて、業界で最初に、ミドリムシに可能性を感じて支援を決めてくれた会社だ。つまり、業界のなかで最初にミドリムシを採用するということは、格別に難しいことで、僕たちにとってはとてもありがたいことだったということだ。

それらの企業の担当の方も、社内で稟議書を上げるときはきっとたいへんだったはずだ。1年とはいえ僕も大手銀行にいた人間なので、大きな会社がどのようなロジックで動くかは理解している。

「ミドリムシって何?」という上司に対して、「こんなにすごい可能性を秘めているんです」と説得して、何百万、何千万というお金を準備するためには、いくつものハンコが必要だったはずだ。その労力を想像すると、いくら感謝しても足りない。

「ライバル企業の○○も採用していますから、うちでもやりましょう」というのはある意味で簡単だ。その逆に、他のどこも採用していないのに「他社がやっていないから、これはチャンスなんです。戦略的にうちが一番乗りでやりましょう」という稟議書は、日本ではあまり通らないのが普通だ。

僕たちの提案が通らなかったどの会社も、当然自分たちのとれるリスクとミドリムシの可能性を天秤にかけて、その時点では「リスクがとれない」と判断したに過ぎない。担当者がミドリムシに投資することをゴリ押ししたのに、後にまったく結果が出ず、その人のキャリアがパーになっても、僕たちはその責任をとれない。

だからこそ、ミドリムシが海のものとも山のものともつかない段階で、リスクをとってくれた人たちには、一生足を向けることができない。

## 上場と、仲間たちへの想い

2009年に入って、さまざまな会社と協同で研究開発ができる体制が整い、またサプリメントの売り上げも順調に伸びていく中で、ユーグレナを上場させることで、市場からより大きな研究資金を得たいという思いがめばえてきた。

しかし会社には、上場の実務の経験がある人間は当然いない。そこで誰か株式公開の実務をよく知る人に入ってきてほしいと考え、人脈をたどる中で２０１０年に５人目の役員として加わったのが、多喜良夫《おおきよしお》だった。多喜は僕より12歳年長で、以前は大和証券でＩＰＯの仕事を数多く経験し、その後は「自分もベンチャーで働いてみたい」と二つのバイオベンチャーに転職していた。上場準備のことをよく知っていて、まさに探し求めていた人物だった。

２０１２年11月16日、ユーグレナは多喜の尽力で、東証マザーズへの上場が承認された。ほんの数年前に倒産の危機があったことを思うと、夢のように感じる。

僕のカバンの中には、ユーグレナの仲間の写真がいつも入っている。それも出資してくれた企業に対する感謝の念と同じ気持ちからだ。

世の中には何百万社という会社がある。ユーグレナにいまいる優秀な仲間たちは、いろんな会社の選択肢がある中で、「ミドリムシが地球を救う」という夢に賭けてくれた。

僕と鈴木と福本が始めた事業に参加してくれたこと、一緒にやってみようと思ってくれたことに対しては、感謝の念しかない。

いつも持ち歩いている仲間の写真。

社外向けの文章などには他に言葉の選択の余地がないので「社員」と書くことがあるが、社内では「社員」という言葉を使わないようにしている。社員といってしまうと、それはユーグレナ社ではなくても、どこにでもいる存在だ。社員ではいやなのだ。意識としては社員ではなく「同志」であり「仲間」なのだ。

だから僕は、ユーグレナに興味があって会社説明会に来てくれる学生さん、面談を受けに来てくれる人、仲間になりたいといってくれる人は、正直いえば全員採用したいぐらいの気持ちである。だから人事の担当には「来た人は全員採用」と言っているのだが、さすがにそうもいかないようだ。しかし気持ちとしては本当にそう思う。

テレビや雑誌にミドリムシが取り上げられることもなかった頃には、親や家族や友だちに、自分の会社の事業を理解してもらうことも難しかったに違いない。給料も安いし、倒産の危機はあったし、いい条件など一つもなかった。それでも会社に残ってくれる仲間がいた。

いまもまだ世間で、ミドリムシについてある程度知っている人は、数百人に一人というレベルだろう。都市部の情報感度が高い人の一部が、「最近、ミドリムシが入っているパスタとかお菓子がちょっと話題だよね」と気にしているぐらいだと思う。

ミドリムシがもっともっと世の中に知られていき、目に見える形で社会に貢献していくことで、「君の会社がミドリムシを扱ってるんでしょう！　すごいねえ！」と言われるようになることが、何よりも仲間に対する恩返しだと考えている。

中でも最大限の感謝を伝えなければならないのは、僕とともに10年前からミドリムシ栄養素普及ビジネスに取り組んでくれた、鈴木健吾だ。

一度、鈴木になぜミドリムシに人生を賭けてくれたのか、聞いてみたことがある。する

と鈴木は淡々とした口調で、

「一人の研究者として、全人類の役に立つような研究をしたかったんです。本当に最先端の研究をすることで、世界のまだ誰も成し遂げていないことを、やってみたかった。出雲さんは、そのパートナーにぴったりでした。こんな面白い研究ができるなら、むしろ授業料として僕がお金を払ってもいいと、ずっと思っていましたよ」

そう言ってくれたのだ。鈴木はその言葉の通り、世界で初めてミドリムシの屋外大量培養の道を切り拓き、全人類の役に立つ研究成果を成し遂げた。

学生のときの投資コンテストで感じたことは正しかった。

やっぱり鈴木は、本物の天才だったのだ。

## 本物の「トロフィー」を手にして

2012年、ユーグレナと僕は日本でもっとも活躍しているベンチャーを表彰する、ジャパンベンチャーアワードの最優秀賞である「経済産業大臣賞」を受賞した。

また同じ年に、ダボス会議で知られる世界経済フォーラムが選ぶ「ヤング・グローバル・

リーダーズ２０１２」に、他の日本人９人とともに、僕が選出された。この賞では、政界・経済界・学界で社会貢献をしている40歳以下の人を対象に、毎年世界各地から約２００名が選ばれている。

２０１３年には三十数年ぶりに、東京で世界銀行の総会が開かれ、その場でも、日本が持つ世界を救う技術として、ミドリムシの大量培養装置と、ミドリムシによって可能になる未来について特別に展示させてもらうことができた。

そして２０１５年、ユーグレナは「若者などのロールモデルとなるような、インパクトのある新事業を創出したベンチャー企業」を表彰する経済産業省主催の「第一回日本ベンチャー大賞」で、もっとも栄誉ある内閣総理大臣賞を受賞した。

その授賞式で僕は、安倍晋三首相からじきじきにトロフィーをいただいたのだが、じつはその直前まで、安倍首相ではなく代理の方からトロフィーを授与されると聞いていた。ときを同じくして、中東のイスラム国により日本人が囚われるという事件が起きており、安倍首相と政府はその対応に奔走していたのだ。

だが数分の間隙を縫って、安倍首相は授賞式に駆けつけてくれた。そしてスピーチで、こう述べてくれた。

「日本企業が、稼ぐ力を取り戻し、激しい国際競争に打ち勝っていくためには、成長分野への投資や雇用のシフトが必要です。既存の企業に改善を迫るだけでは、日本企業の体質や慣行を一変させることはできません。産業の変革の担い手となるのが、ベンチャー企業です」

安倍首相はマイクを置くと、僕に「がんばって。期待しているよ」と声をかけ、足早に会場を去っていった。マスコミから批判されかねないリスクをとってまで、本気でベンチャーを支援しようとしてくれている安倍首相の心意気に、僕は心から感激した。

こうしてミドリムシは、2010年以降、驚くほどの注目を集め、世の中から多くの「トロフィー」をいただくことになった。このトロフィーは、言うまでもないが僕一人の力で得たものではなく、会社の仲間たちをはじめ、協力してくれたすべての人たちのおかげで得たものにほかならない。

ミドリムシがその本当の実力を認められる日が、ついにやってきたのだ。

## 極端すぎる日本

２００９年以降は、徐々にユーグレナとミドリムシがメディアにも取り上げられていった。ミドリムシ入りのスムージーやクッキーなどがテレビ番組や雑誌で「健康にいい注目の食べ物」として紹介され、少しずつではあるが、一般の方々にも知られるようになってきた。

この変化は、それまでの苦境を思い返せば、驚くような、そして嬉しい変化だった。

こちらとしては、それまでの数年間と何か根本的な変化があったわけではない。方法を工夫しながら、ただひたすらミドリムシの素晴らしさを訴え続けてきただけだ。

苦しかったときも、メディアには何度も手書きでファックスや手紙を送り、実際に会いにも行って、必死でミドリムシのことをアピールしていた。しかし当初はほとんど相手にされなかった。それがいまや、ありがたいことに取材の依頼をいただくようになったのだ。

創業してからこれまでの7年を振り返って思うのは、日本は極端すぎる、ということだ。

アントレプレナー文化が育たないのも、このあまりにも極端すぎる日本の空気のぶれ方があるのではないか、と思う。僕たちのようにひとたび「こいつはライブドア関連だからダメだ」と見なされたら、そこから這い上がるのにはたいへんな努力と時間を必要とする。しかし「これはいける」となったら、今度は我先にと雪崩を打つように押し寄せる。

世の中のいろいろな報道を見ていても、日本人のこの特性が、よい影響、悪い影響の双方を与えているように感じるときがある。

ユーグレナが大成功するかどうかはまだわからない。僕たちも「成功した」などとはまったく言えない段階だが、これでようやく、「あとは自分たちの技術力と努力次第で勝負できる」という極めてフェアな場所に到達することができた。

その土俵に立つまでは「これは何のハンデ戦だよ」と何度も絶望するほどの思いを抱いたが、いまでは「とにかくがんばればいいんだ」と思えるようになった。

だから現在、僕たちに足りないのは時間だけだ。

ありがたいことに、

「ミドリムシ燃料を早く実用化して、石油を輸入しないで済むようにしてくれ」

「うちの食材にミドリムシを混ぜて売り出したい」

「琵琶湖でミドリムシは育てられないのか」

などと、どんどんいろんな提案をいただけるようになった。

どんな無茶な提案を言われても、あの2006年2月からの約3年を思い返せば、こんなに嬉しいことはない。

だってそれらの要望は、「イケてるミドリムシで、早く地球を救ってくれ」と言っているのだから。すべての言葉が、僕の生きる力の源になってくれる。

## 2013年。いよいよ、バングラデシュへ

2013年、ユーグレナが提案するミドリムシによる栄養普及事業が、政府のODA（政府開発援助）の調査事業のプロジェクトとして採択された。これは、外務省が実施するODA事業において、これまで以上に発展途上国に対し意義ある支援ができないかと検討することが目的だ。ついに創業の想いであるバングラデシュに歩を進めるのである。

ただし、単に、向こうの土地にミドリムシプラントを設置して、「みんなこれを食べてね」と言ったところで普及するとは思えない。バングラデシュに暮らす一家のお母さんが、「自

分の子どもの栄養のために、このミドリムシの粉をカレーに混ぜよう。栄養もあるし味も美味しいし、子どもたちも喜ぶし」と思ってくれなければ、一般の人たちには受け入れてもらえないのだ。そこでバングラデシュのカルチャーを理解し、どういう場所でどんなやり方でミドリムシを導入すれば栄養問題が改善できるのか、僕たちが先陣をきって調査に行くのである。

この事業は上場後初の大型プロジェクトであると同時に、僕にとって本当に、心の底からやりたかった取り組みでもある。これまでもさまざまな発展途上国向けの公募事業に、このバングラデシュの栄養支援計画をずっと応募してきたが、ようやく2013年から本格的にスタートできることが決まったのだ。上場後最初のプロジェクトということに、運命的なものを感じざるを得ない。

とはいえ、僕個人やユーグレナ1社が「バングラデシュの栄養問題を改善したい！」と叫んで乗り込んでいったとしても、規模的にどうしても小さくならざるをえないし、万が一ユーグレナが倒産してしまったら、せっかくミドリムシ普及が途中までうまくいっていても、そこで普及のプロセスが断たれてしまう。またユーグレナが1社で飛び込んでいくより、ＪＩＣＡ（国際協力機構）などの団体や、バングラデシュの日本大使館と連携したほうが、スムーズにいくことは間違いない。また、日本政府という後ろ盾をきちんと得て、資金の支援をいただいて取り組むことは、収益を重視する上場後の株主にとっても非常に安心できる話になる。

なぜこうした形を考えたかというと、僕の自己満足で支援を行うのではなく、ずっと続いていく仕組みが構築できるからにほかならない。日本政府もバングラデシュの人々も、そしてユーグレナと株主の人々も、みんなハッピーになる「四方よし」の形を作ることができたのである。

「バングラデシュの栄養が足りない子どもたちに、ミドリムシという仙豆を届ける」

18歳の頃から抱き続けていた夢の実現に、ようやく、踏み出せる。

## **「科学的に正しいこと」と「感情的な共感」**——ハイブリッドの大切さ

ライブドア事件とその後の辛酸を味わった約3年間を通じて、学んだことがある。

それは、人類の進歩に資するテクノロジーには、「サイエンティフィカリー・コレクト」

（科学的に正しいこと）と、「エモーショナリー・アグリーメント」（感情的な共感）の両方が必要だということだ。

これまでのテクノロジーは「科学的に正しいこと」の追求に寄りすぎていた。そのことを最も表しているのが、金融の世界で「ブラック・スワン」と呼ばれている事態だろう。これは「すべての白鳥は白い」ということが常識とされている世界で、「黒い白鳥（＝ブラック・スワン）」の存在を多くの人が無視してしまった結果起こる事態のことを指す。つまり、めったに起きないと想定される事象のことを、一万年に一度のリスクなんて自分の生きている間には発生しないだろうと想定して「確率ゼロ」と無視してしまうことを意味する。

「科学的な予測」をもとに、本当はまったく予想もつかない事態が起こる可能性だって存在するのに、「そんな可能性はゼロだ」と見なす。ゼロじゃないものをゼロだと言って、人が抱く当たり前の感情である不安や恐れを見落としてしまう。その結果起こったことこそ、あの津波による被害、そして福島第一原発事故であり、サブプライム危機なのだ。

しかしその逆に、科学的な思考を軽視して、「感情的な側面」だけに重きを置くのも問題だ。それは、まさに僕らがミドリムシで味わったことにほかならない。「ミドリムシ？

なにそれイモムシなんでしょ?」と拒絶され、ライブドアと関わっているというだけでまた拒絶される。感情的な壁の前に、科学的な正しさ、すなわち実証されたはずのミドリムシのポテンシャルには見向きすらしてもらえなかった。

僕たちがミドリムシの大量培養に成功したのは2005年の年末、だがそれから事業が本格的に軌道に乗り始めるまでには、3年以上の歳月がかかった。たとえミドリムシが社会にもたらすメリットが科学的には正しくても、人々に感情的な共感を持って受け入れられるためには、それだけの時間が必要だったということなのだ。

それでは、どのような思考がいまの時代には求められるのか。

生物学には「ハイブリッド」という言葉がある。これは「雑種」を意味する言葉で、生物的に異質な種の動物や植物同士が交配され、新たに生まれた生命のことをそう呼ぶ。ハイブリッドの生物は多くの場合、個体としても、群体としても、純血種に比べて病気に強く、環境変化への対応が速い。

僕はこれからのテクノロジーやビジネスも、ハイブリッドでなければならないと考えている。科学的な思考と、感情的な共感。その両方がハイブリッドされて、初めて人は安心してその技術を受け入れ、使いこなすことができる。

そして僕は、まさにミドリムシこそが、ハイブリッドを体現する存在だと考える。動物の栄養素と、植物の栄養素の、両方を兼ね備えているということ。そして日本の首都にある東京大学で研究し、沖縄の石垣島で育てているというのもハイブリッド的だ。ミドリムシは、科学的な正しさによってジェット機を飛ばし、5億年前から地球の生命を支えてきたという感情的な安心感で、人々の栄養を支えていく。二つの側面を持っているからこそ、地球を救える存在なのだ。

いま世界じゅうの人々は、これまで石油や原子力のエネルギーによって可能になった豊かな生活を継続しながら、より健康で、環境に負荷を与えない、循環型の社会を実現していくことを欲している。豊かな生活と持続可能な社会、その双方を同時に、人々に共感されながら達成する存在こそが、ミドリムシなのだ。

近い将来、ミドリムシがジェット飛行機を飛ばしたときに、

「これは日本が見果てぬ夢として追っていた、国産のエネルギーなんです」

「しかも世界で日本しかできないんです」

研究室にある実験用の培養槽。ジェット機が飛ぶ日も遠くない。

と示すことができる。これほど日本を元気にできることはないはずだし、それを見た人々のミドリムシに対するイメージは、一気に変わるに違いない。

「うちの土地でミドリムシの培養を始めたい」

「こんな事業にも応用できないか」

そんな声をますます聞ける日を楽しみにしながら、僕はいまも走り続けている。

## ベンチャーマインドとは、自ら定めた領域で「1番」になること

最後に起業ということに関して、僕が考えていることを書き残しておきたい。

僕はずっと起業家という存在に対して、激しい憧れを抱いていた。それはこれまでも書いて

きたように、自分自身がずっと「レール」に乗った人生を歩んできて、何かに全身全霊を賭けるという生き方をしてこなかったからだ。

「自分も何かに本気でチャレンジしたい」という焦燥感と、「でもいま自分が持っているトロフィーを失いたくない」という不安のはざまで、揺れ動く日々を長い間過ごした。

しかし思い切って銀行を辞めて、夜行バスに乗ってミドリムシの研究者を日本じゅう訪ね歩いているうちに、いつしかある一つの確信がめばえてきた。

それは、「いま世界で、自分ほど、ミドリムシについて真剣に考えている人間はいないはずだ」という思いだった。技術的にはまだどうなるかわからなかったし、経営者として自分に適性があるかもまったく自信がなかったが、「ミドリムシについては世界で自分が1番だ」という思いは、揺らぐことがなかった。

ライブドア・ショックのあとで、会社をたたむか、全財産をつぎ込んで事業を継続するか、迷ったときに最後のひと押しをしてくれたのも、この確信だった。そして、ここで諦めたらこの後の人生ずっと後悔する、ということも明白だった。

本当にそれぐらい好きなことであれば、世界じゅうの人が止めても、誰一人応援してくれなくても、そのことをやり続けるべきだということを、僕はこの7年で学んだ。

何年か前にある国会議員が「2位じゃダメなんでしょうか」とスーパーコンピュータの研究に関して言ったことが話題になった。このことについて、ことベンチャーに限れば、1位でなければ意味がないと、断言できる。世界に競合がいるようなビジネスの場合、「日本で2番、世界で5番」というようなポジションにいたら、すぐに新興国に追いつかれて競争優位性を失ってしまう。日本のパソコンやテレビが世界で売れなくなったのも、それらの製品が1番ではなくなったからだ。

もしこの本を読んでくれているあなたが、いま、起業に迷っているのであれば、ベンチャーを起こす意味があるかどうかは、その分野で1番をとれるかどうかにかかっていると僕は思う。

「日本で一番高い山は何か?」と聞かれれば、誰でも「富士山です」と答えられる。では「日本で2番目に高い山は何か?」と聞かれて、すぐに答えられる人はどれくらいいるだろうか?

グーグルで検索してヒット件数を比べてみても明らかだ。富士山には、情報も人もお金もすべてが真っ先に集まる。しかし日本で2番目に高い南アルプスの北岳は、富士山に比べると、ほとんど誰にも知られていない。だから北岳の情報は富士山より圧倒的に少ないし、登山客も投資のお金も集まってこない。

僕ももし「うちは世界で2番目にミドリムシを培養しました」という会社を経営していたら、全財産をはたいて続けようとは思わなかっただろう。とことん追い詰められたときでも、自分が1番であれば、その逆境を跳ね返す力が湧いてくる。1番と2番というのはそれぐらい違う。

それでもきっと、多くの人は「どの分野なら自分が1番になれるかわからない」と考えるだろう。でも、それは違う。誰だって、特定の狭い分野で、偏執的に追求していけば、必ず1番になれる。

それは僕が、夜行バスに乗って日本じゅうのミドリムシ研究の先生を回る中でつかんだ真実だ。分野を絞れば絶対に1番になれるのだ。「ミドリムシと世界を救う」という目標があったから、「世界で」1位を目指したが、ベンチャーすべてが世界で1番、日本で1番を目指す必要はない。

ラーメン屋を経営するなら「飯田橋駅から徒歩10分圏内で1位の美味しさを目指す」というので十分勝負できる。「多摩ニュータウンで一番使いやすいコミュニティ・ビジネスを始める」だっていいのだ。

自分が「この分野、この領域で勝負する」と決めたら、その中で必ず1番を目指すこと。これが僕が、ベンチャーの経営に関してアドバイスできる唯一のことだ。

## ユヌス先生との新たな約束、「貧困博物館」のフロアマネージャーに

本書が単行本で刊行されてから、約4年が経った。

世界から栄養失調を無くす、という僕の夢が、18歳のときに訪れたバングラデシュのグラミン銀行でのインターンから始まったことは、最初に述べた通りである。

2014年4月からユーグレナ社は「ユーグレナGENKIプログラム」を実施している。このプログラムは対象のユーグレナ入り商品をお客様にお買い上げいただくと、ミドリムシ入りのユーグレナクッキーをバングラデシュの子どもたちに届けるための運営費に充てるというもので、これまでに約270万食分の給食支援を行った。

2014年10月には、ついにグラミングループとともに「グラミンユーグレナ」を設立するまでに至った。これはバングラデシュでもやしの原料となる緑豆栽培を通じて、貧困に苦しむ農村地区の所得向上を目指すというソーシャルビジネスで、日本の「雪国まいたけ社」が行っていた事業を引き継いだものである。

こうしたバングラデシュへのさまざまな支援を評価いただいたことから、僕は2015

年5月にバングラデシュのダッカで行われる、ムハマド・ユヌス先生主催の「ソーシャルビジネスデー」に、スピーカーとして参加してほしいという打診を受けた。

ソーシャルビジネスデーとは、世界各国で行われている営利を第一目的としない社会起業の成功事例をみんなでシェアし、自分たちの活動に役立てようという主旨で行われる国際大会だ。世界中のNGO・NPOから実践者たちが集まり、英国ヴァージングループの総裁リチャード・ブランソンやクリントン夫妻とユヌス先生の新しい取り組みが発表されたりもする、ソーシャルビジネスに関する世界一のイベントである。

大会の前日、僕はユヌス先生のオフィスに呼ばれた。登壇者との簡単な顔合わせだが、ユヌス先生と二人きりでお話しできる時間が10分ほど与えられた。

じつはそれまでに、バングラデシュの支援活動を通じて、僕はユヌス先生に4回名刺をお渡ししたことがあった。その度に立ち話で1、2分活動について説明したのだが、ユヌス先生にとってみれば、僕は世界中に何千人もいるがんばっている若い社会起業家の一人に過ぎない。当然、名前も顔も覚えてはくれていないだろう。

僕はこれがユヌス先生に自分の思いをしっかりと伝えられる、最初で最後のチャンスになるかもしれないと直感した。そこでずっと以前から「ユヌス先生と、ちゃんとお話をする機会があったらこれを言おう」と決めていることを、伝えることにした。

僕はユヌス先生の長年の大ファンなので、ネットで見られる先生のインタビューや記事は欠かさず目を通すようにしている。それらの取材のなかで、ユヌス先生が最後に必ず言うセリフがあった。それは「私の夢は将来、皆さんと一緒に『貧困博物館』を作ることです」という言葉だった。続いてユヌス先生は、いつもこんな話をしていた。

「皆さんの街にある恐竜博物館は、きっと大人気でしょう。どの国でもSL博物館や、宇宙博物館は、多くの人で賑わっています。それは恐竜もSLも宇宙も、人々の身近に存在しないからです。しかし、貧困博物館は、世界のどの国にもありません。なぜならいまの世界で貧困博物館を作っても、入場者はゼロだからです。世界で貧困は珍しくもなんともありません。だからいつの日か、貧困がこの世から消え去った世界では、きっと子どもたちは学校の社会科の授業で貧困博物館を見学し、『昔々、この世界には貧困というものがあったんだ』ということを学ぶでしょう。私はその未来の実現のために、活動しているのです」

僕はユヌス先生のこの「貧困博物館」の話に、初めて聞いた時からとても強く感銘を受けていた。貧困というのは暗くて、みじめで、できれば直視するのを避けたい話題だ。だから世の中の多くの人は、「一緒に貧困を撲滅しよう！」と他人に言われても「そうなればいいけど、ちょっと私には無理です」と腰が引けてしまう。それは僕自身が、ミドリムシでの栄養失調撲滅を訴えるなかで、実体験してきたことだった。

でも「私と一緒に、貧困博物館を作りませんか？」と柔らかく問いかけられたらどうだろうか。「それって何だか面白そうだな」と感じて興味を抱いてもらえるのではないか。

僕がユヌス先生と話したかったのも、貧困博物館についてのことだった。明日のスピーチについて簡単に打合せをしたあとで、10分間の時間をいただいたこのまたとない機会に、ユヌス先生にこう尋ねた。

「ところでユヌス先生が作ろうとされている貧困博物館は、何階建ての予定でしょうか？」

僕の質問を聞いた先生はびっくりした様子で、「たしかに私はずっと、貧困博物館を作りたいとあちこちで話してきたけれど、『何階建てですか？』と聞かれたのは初めてだよ」と笑いながら仰った。僕は続けた。

「先生、貧困博物館を作るならば、各階ごとにテーマが必要だと思うんです。たとえば1階は『貧困を無くすための学校教育』という展示。2階は『世界の飢餓と水問題の100年』というテーマがいいでしょう。教育や水問題と貧困は大きな関連がありますからね。それで3階の展示テーマは『昔、10億人の栄養失調が世界にいた』がいいと思います。貧困博物館が完成する頃には、必ずミドリムシによって、世界の栄養失調は根絶されているはずです。私はぜひ、その貧困博物館の、3階のフロアマネージャーを担当させてもらいたいと思っているんです」

僕の言葉を最後までじっと聞いていたユヌス先生は、満面の笑みを浮かべ「それはすばらしい！」と言ってくれた。そして初めて「君の名刺をくれないか？」と言われた。僕はユヌス先生に、5枚目の名刺を渡した。

「ミツル・イズモと言います」

「ミスター・イズモか。覚えておこう」

ユヌス先生は手元のメモ帳に何事かを書いて、その場の会談は終わった。

ユヌス先生の作る「貧困博物館」のフロアマネージャーを担当する約束を交わした。

翌日の「ソーシャルビジネスデー」の本番。会場のバンガバンドゥ国際会議センターは、二千人の聴衆で埋め尽くされている。登壇者はほとんど全員が英語でスピーチするが、会場の聴衆の中には英語が理解できない現地の人も少なくない。そこで僕は、あらかじめ自分のスピーチをすべてベンガル語で話そうと決めて、前日までに自分とユーグレナのこれまでを現地の言葉で話せるように練習してきた。

生物に興味をもった子どものときのこと。18歳のとき、グラミン銀行でインターンをしたこと。それがきっかけで世界の栄養問題に関心を抱き、ユーグレナを創業して、ミドリムシの屋外大量培養に成功したこと。そして今ではグラミンと合弁で「グラミンユーグレナ」という会社を作り、バングラデシュの子どもにミドリムシクッキーを提供していること。これまでの人生を、3分間に凝縮して、懸命に話した。

スピーチを終えると、会場の二千人の聴衆から、地鳴りのような拍手が起きた。やった。伝わった。嬉しさと達成感に感極まりながら、司会者から促されるままに壇上から降りようとした。そのとき、一番前の特別席で聞いていたユヌス先生が「イズモ、ちょっと戻ってきなさい」と僕に声をかけた。ユヌス先生は僕の肩を抱いて、ステージから会場の聴衆に語りかけた。

「彼は近年の日本でもっとも成功したアントレプレナーであるにもかかわらず、最初の志を忘れず、バングラデシュに戻ってきてくれた。グラミンとユーグレナがともに進めるプロジェクトを、皆さんにもぜひ応援してほしい」

そうしてユヌス先生は、カンファレンス全体の時間が押しているにもかかわらず、5分以上にわたって僕の事業について説明してくれた。しかも、僕が前日までにユヌス先生に言っていないことまで、ちゃんと調べてくれていたのである。

ユヌス先生と固く握手し、ステージを降りた僕を、世界中から集まった若い社会起業家や学生たちが取り囲んだ。

「ミドリムシってすごいね！」「ユーグレナ、超イケてる会社だね！」

目を輝かせながらそう言ってくれる彼ら彼女らに、僕は「ドンノバード！（ベンガル語でありがとうの意味）。サンキュー！」と泣きながら応えた。

# おわりに——世界を救うのは、あなた

本書は2012年12月、ダイヤモンド社から発刊させていただいた『僕はミドリムシで世界を救うことに決めました。』が原本となっている。それから4年が経過し、おかげさまでミドリムシを核とする当社の事業は、順調に発展を続け、今日もなお、さまざまな領域に拡大を続けている。

燃料事業では2015年末、2020年の実用化を目指し、横浜市、千代田化工建設、伊藤忠エネクス、いすゞ自動車、全日本空輸とともに、横浜の京浜臨海部に日本初の「バイオジェット・ディーゼル燃料製造実証プラント」を建設することを発表した。これは、経済産業省と国土交通省が中心となって設立した「2020年オリンピック・パラリンピック東京大会に向けたバイオジェット燃料の導入までの道筋検討委員会」の国策と歩調を合わせたもので、日本の悲願である「バイオ燃料の国産化」への本格的な取り組みの第一歩となる。

　これに先立ち、ユーグレナではいすゞ自動車とともに、ミドリムシからつくったバイオディーゼル燃料、名付けて「ＤｅｕＳＥＬ《デューゼル》」を開発し、これを利用して走るシャトルバスを２０１４年７月からいすゞ藤沢工場と湘南台駅の間で運行開始した。将来、日本中のバスやトラックが、１００％ミドリムシ由来のバイオ燃料で走ることになれば、日本経済における環境対策コストへの影響は莫大なものとなる。そのためにまずは、東京オリンピック・パラリンピックの会場内を走るバスを「ＤｅｕＳＥＬ」燃料とするべく、安全性や走行能力の実証試験を重ねているところだ。

　ミドリムシを健康食品として販売する食品事業部門では、２０１２年にＥＣサイトを立ち上げ、そこで「緑汁《みどりじる》」の発売を開始した。緑汁は発売してすぐ、野菜・魚・肉の栄養素が一つの食品で取れると健康志向の人々の注目を集めた。新聞やテレビ、雑誌で紹介され、現在では「青汁」や「クロレラ」と肩を並べる健康食品の定番として、すっかり定着した。

　さらに全国のコンビニエンスストアの棚には「飲むミドリムシ」などのドリンクが並ぶようにもなった。２０１６年にはユーグレナを配合したスキンケアクリーム「ｏｎｅオールインワンクリーム」を発売開始。化粧水や乳液、リップケアなどの10の機能が一つのクリームで済むことから、高感度な女性の間で大きな話題となっている。

企業の経営面でも売り上げは上場から右肩上がりを続け、100億円を超えた。ユーグレナで働いてくれる仲間たちの人数は252名（連結、2016年9月末現在）となり、2014年12月3日東証マザーズから、東証一部へと昇格。その翌年日本で初めて、若者などのロールモデルとなるような、インパクトのある新事業を創出した起業家やベンチャー企業等を、内閣総理大臣が表彰する「日本ベンチャー大賞」内閣総理大臣賞を受賞した。

そしてさらなる大きな挑戦として始めたのが、2015年設立の子会社「ユーグレナインベストメント」による、「リアルテックファンド」という投資ファンド業務だ。

リアルテックファンドが出資するのは、医療やバイオ、エネルギー、新素材、ナノテクノロジー、ロボットなど、その名の通り「リアルテック（地球と人類の課題解決に資する研究開発型の革新的テクノロジー）」を核とするベンチャーである。

リアルテックファンド設立の前には「時期尚早なのではないか」という思いも多分にあ

った。なにせユーグレナの最大の目標である「10億人の栄養失調をこの世から無くす」「ミドリムシ燃料でジェット機を飛ばす」ことも道半ばなのだ。「ファンドによる支援を通じて、第二、第三のユーグレナを生み出すお手伝いをします」などと言ったら「百年早いよ」と言われても不思議ではない。何度も自問自答を繰り返した。

それでも思い切ってスタートすることにしたのは、ユーグレナの知名度が上がるにつれ、毎週のように僕のところに日本中の大学の研究者の方々から、電話をもらうようになったからだった。彼らは皆、異口同音に次のようなことを話した。

「自分は○○について、30年にわたって研究をしてきました。ようやく成果がまとまり、産業化への道筋が見えてきたのですが、特許の審査請求をしようにも、そのための費用がないのです。大学の研究費も底をつき、銀行や金融機関に相談しても門前払いです。もし良かったら一度だけでも話を聞いてもらえませんか」

彼らのその言葉の背景には、日本のベンチャー投資における非常に大きな問題が横たわっていた。

日本でも2010年頃からベンチャー企業の上場が盛んとなり、アメリカほどではないが若くして起業の道に踏み出そうとする人が増えてきた。

だがニュースなどで取り上げられているベンチャー企業の内訳を見ると、そのほとんどがＩＴかゲームだ。スマホアプリなどのＷｅｂサービスを作る会社ばかりが話題となり、本来の日本企業の強みであった「ものづくり」や「基礎研究」分野で大きな成果を生み出すベンチャーはなかなか現れない。

僕はその頃からユーグレナの経営を通じて「これからの時代は、破壊的なイノベーションを生み出し、そのパテント（特許）を握る企業が、市場のすべてを独占する」ということを痛感するようになっていた。

近年に起きた破壊的イノベーションを挙げるならば、遺伝子の解析技術がその代表例の一つだ。１９９０年にアメリカで始まった「ヒトゲノムプロジェクト」は、人間の30億塩基対に及ぶ全遺伝子を解析するという壮大な試みだが、完了するまでにアメリカ政府が中心となって30億ドル（３３００億円）もの予算が投入され、世界中の何万人もの科学者たちが作業を分担して、ようやく13年もかかってヒトの遺伝子をすべて解析することに成功した。２００３年のことである。

ところがその14年後の現在では、ヒトゲノム（全遺伝子）は、どこの研究所や大学でも、わずか数日間、数十万円の費用で解析ができるようになっている。

それを可能にしたのが、アメリカのイルミナやスイスのロシュという企業が開発した「次世代DNAシークエンサー」という機器だ。従来の遺伝子解析手法に比べて時間とゲノム解析の時間と費用のコストを10万分の1以下に削減できる同機器は、一台数千万円と高額だが、今ではあらゆる生命科学の研究や、ガンの遺伝子治療に欠かせない道具となっている。

イルミナやロシュは次世代DNAシークエンサーの基幹技術のパテントを押さえることで遺伝子解析市場のほとんどを独占し、莫大な利益を得た。従来の方法に比べて、10万分の1にコストが削減できるのだから、必要な人は誰だって買うだろう。これこそが「破壊的イノベーション」である。誰かが破壊的イノベーションを成し遂げた市場では、もはや「競争」は存在しない。「Winner takes all」。勝者がすべてを得るのだ。

現在、液晶テレビや自動車のメーカーは世界中に沢山存在し、市場シェアの拡大に各社がしのぎを削っている。しかしそれは逆にいえば、彼らが競っている市場において、破壊的イノベーションがずっと生まれていないということを意味する。

青色ＬＥＤ、ｉＰＳ細胞、リチウムイオン電池などは、これまでに日本人の手によって生み出された「真の破壊的イノベーション」である。電子レンジの基礎技術であるマグネトロンや、インターネットを支える光ファイバー、大容量のハードディスクなども日本の研究者の基礎研究がなければ存在しなかった。産業化されて世界中の人の暮らしを大きく変えたそれらの発明が、これまでに生み出してきた価値を金銭に換算すれば、何十兆円にものぼるだろう。

ところが問題なのは、大きな成長の可能性をもつリアルテックベンチャーを見抜ける「投資家」が、日本には少ないことだ。日本のベンチャーキャピタルの多くは金融業界の出身者で、場合によってはテクノロジーを理解することが難しいケースがある。加えて出資者からも短期でリターンを求められることから、結果が出るのが早いＩＴ分野に投資が偏る。だがその結果、真に技術力を持つベンチャーが、日本を見限るケースが出てきている。

その象徴的な出来事が、東大発のロボットベンチャー「シャフト」が２０１３年11月にグーグルに買収されたことだ。シャフトは二足歩行ロボットの制御で世界トップレベルの技術を持ち、２０１３年度のアメリカ国防総省が主催する災害救助ロボットのコンテストでも1位となったが、その直後、米グーグルに500億円で買収された。

シャフトのような優れたベンチャーが、外国に行ってしまうのは日本の未来にとって非常に大きな損失だ。そのような悲劇を繰り返さないためにも、上場も果たすことができ、技術もわかる自分たちが投資家となって、大学発ベンチャーを支援するべきではないか。リアルテックファンドは、そんな思いから生まれている。

リアルテックファンドは現在、さまざまな分野のベンチャーに出資をしているが、中でも特徴的な案件と言えば、九州大学発「キューラックス」というベンチャーだ。

キューラックスが開発するのは、まったく新しい素材による「有機EL」である。これは、液晶技術と同様のテレビやスマホのディスプレイを作る技術だ。液晶に比べて発色もきれいで反応速度も速く、折り曲げて曲面構造も作れるので、さまざまな用途への応用が期待できる。そのためいっときは液晶ディスプレイの次の「本命」の技術と見られていた。

しかし有機ELは繰り返し使うと劣化が激しく耐久性に問題があること、また液晶ディスプレイ技術の進化が著しく、新たに巨額の投資をして有機EL工場を建設するメリットがないことから、我々がキューラックスに投資を決めた2015年の段階では、ほとんどの投資家からは「終わった技術」と見なされていた。

それなのになぜ我々はキューラックスに投資を決めたのか。それは2012年、九州大学の安達千波矢教授らの研究グループが、驚くべき発明を成し遂げていたからだ。「熱活性化遅延蛍光」という新素材の発光材料を使うことで、従来製品に比べて、同じ電力で有機ELを3倍の明るさに光らせることに成功したのである。これはつまり、有機ELによるディスプレイの使用電力を、従来製品の3分の1にできるということを意味する。

世界中の家庭にあるテレビ、何十億台にも及ぶスマホやタブレットやパソコン、街中の大型ビジョン……、そうした機器のすべてが3分の1の電力で動くようになるかもしれない。これがどれほど巨大なインパクトを社会に与えるか、ちょっと想像するだけでもご理解いただけるだろう。

リアルテックファンドがキューラックスへの出資を発表した後、韓国のサムスンとLGも同社へ投資することを発表した。さらに数か月後、アメリカの報道機関から「近い将来、iPhoneが新モデルに有機ELを搭載する」というニュースが流れた。日本のベンチャーキャピタルの各社はその報道を見てから、改めて有機EL業界への投資へと乗り出した。

これは象徴的な話だが、これが日本のベンチャー投資の現状である。もし我々が、サムスン・LG連合に一歩先んじて投資をしていなかったら、シャフトと同じようにキューラックスも外国資本の会社となっていた可能性は大いにあった。

日本の大学発ベンチャーには、東大の研究室を間借りしていたかつてのユーグレナのように、まだまだ「誰にもその真価が気づかれていない技術や人材」が眠っている。それらに光を当て、世の中に引っ張り出すことがリアルテックファンドの使命だ。

こうしたユーグレナの成長を振り返ると、ほんの数年前まで、「ミドリムシ？　そんなものがビジネスになるの？」と言われ続けたことが、まるで夢のようにも感じる。

だからこそ、この新書版の本書でも、もう一度、書かせていただきたい。

この世に、くだらないものなんてない、ということを。

ミドリムシのような、一見ちっぽけな、単細胞の、その辺の池や田んぼにいくらでもいるような微生物が地球を救えるのだから、この世のどんなものにだって、それが存在する意義が絶対にあるはずだ。

世間で忌み嫌われている、イモムシのような虫だって、それを研究することで人類に多大な貢献をもたらす発明が生まれるかもしれない。どんな生き物にも、どんな仕事にも、どんな人にも、必ず意味があり、大きな可能性が眠っている。

ミドリムシに教えてもらったこの真実についての確信は、ユーグレナの経営を続ける中でますます強くなった。グローバル化にともない、環境問題や国際紛争、経済格差など、世界の問題は一層深刻化している。そうした問題を根本から解決するためには、みんなで「破壊的イノベーション」を生み出すしかない。

僕はミドリムシで世界を救うことに決めた。

貧困博物館の3階で皆さんをお迎えするその日まで、ミドリムシと努力し続けることをここに誓います。

2017年1月

出雲充

## 出雲 充［いずも・みつる］

株式会社ユーグレナ代表取締役社長。１９８０年広島県生まれ。東京大学に入学した98年、バングラデシュを訪れ深刻な貧困に衝撃を受ける。２００２年東京三菱銀行に入行。05年株式会社ユーグレナを設立し、東大発バイオベンチャーとして注目を集める。同年世界初のミドリムシ屋外大量培養に成功。ミドリムシ食品を事業化し、化粧品やバイオ燃料など幅広い分野での展開を目指す。12年世界経済フォーラム（ダボス会議）で「ヤング・グローバル・リーダー」に選出される。15年第一回日本ベンチャー大賞「内閣総理大臣賞」受賞。

編集：三橋 薫
構成：大越 裕

# 僕はミドリムシで世界を救うことに決めた。

二〇一七年 二月六日 初版第一刷発行
二〇二二年 八月六日 第三刷発行

著者 出雲 充
発行人 石川和男
発行所 株式会社小学館
〒一〇一－八〇〇一 東京都千代田区一ツ橋二ノ三ノ一
電話 編集：〇三－三二三〇－五六一六
販売：〇三－五二八一－三五五五

印刷・製本 中央精版印刷株式会社


Printed in Japan ISBN978-4-09-825290-9